儿童动植物科普馆

Animals & Plants

主　编/龚　勋

哺乳家族①

Buru Jiazu

北方联合出版传媒（集团）股份有限公司
辽宁少年儿童出版社
沈阳

前言

在多姿多彩的动物世界中，哺乳动物是形态结构最高等、生理机能最完善的动物。世界上现存的哺乳动物约有4000种，广泛地分布于世界各地，栖息于各种类型的环境中。有些哺乳动物生活在海洋里，能在水中自由地游动，如鲸、海豚、海豹、海狮等；有些哺乳动物栖息在树上，能在树与树之间随意攀爬、跳跃，如猴、猿等；有些哺乳动物栖息在地下洞穴中，能在地下穿行无阻，如鼹鼠、兔等；有的哺乳动物还会飞，如蝙蝠。

本书着重介绍了哺乳家族中活跃在地面、树上、地下、天空和海洋中的部分成员，以生动简洁的文字和直观精彩的图片，全景式地展现了这些动物的生活百态。哺乳动物是地球生物圈中必不可少的一部分，是我们人类的伙伴，它们中有许多成员正在濒临灭绝，急需人类的保护。希望小朋友们通过阅读本书，不仅能增长动物知识，还能增强动物保护意识，关爱那些濒危的动物朋友。

目　录

第一章 走进哺乳家族

第二章 卵生和有袋类动物

第三章

食虫类、贫齿类和蝙蝠

第四章

啮齿类动物和兔类

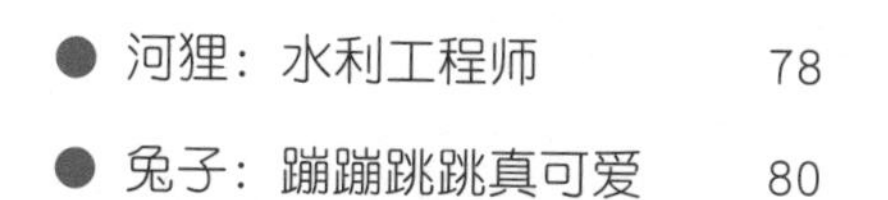

第五章

海洋哺乳动物

第一章

走进哺乳家族

●●与其他动物相比，哺乳动物最突出的特征在于幼体是由母体分泌的乳汁喂养长大的。此外，哺乳动物还长有皮毛，都是恒温动物，具有比较发达的大脑……走进哺乳家族，小朋友们不仅可以认识哺乳动物奇特的身体结构、各异的自卫方式、多姿多彩的生活，还可以知道有哪些动物正面临灭绝，了解动物保护的重要性。

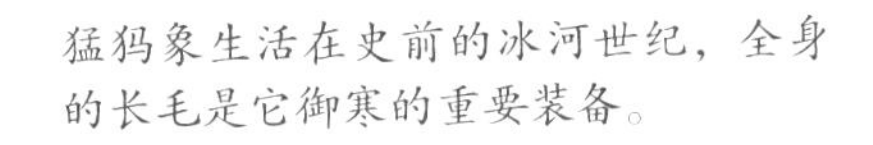
猛犸象生活在史前的冰河世纪，全身的长毛是它御寒的重要装备。

尖利的长牙

认识哺乳动物

哺乳动物是脊椎动物中最高等的一族，它们都有一个显著的特征：依靠母体乳腺分泌的乳汁养育后代。除此之外，哺乳动物都是温血动物，体温基本恒定；大脑发达，智商比较高；身上披有毛发，以保护身体，隔绝冷热，等等。

图为犬齿兽类复原图，其外形与现在的哺乳动物相似。

古老的祖先

古生物学家认为，三叠纪时期的犬齿兽类是哺乳动物的直系祖先。犬齿兽类属于肉食性单孔类群动物，小型到中等体形，极少数的体长可能超过90厘米。它们与现在的哺乳动物有许多相同点，如都有几种不同类型的牙齿、四肢位于身体之下，等等。

哺乳动物依靠母体乳腺分泌的乳汁喂养后代。

发达的大脑

哺乳动物的大脑在体积上比其他脊椎动物的大脑要大，神经系统高度发达。所以，哺乳动物能更好地控制自己的思维，比其他动物有更复杂的行为。它们会学习，能不断地改变自己的行为，以适应外界环境的变化。

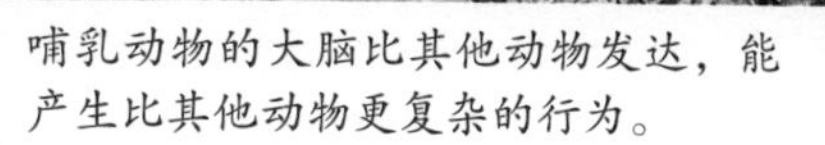
哺乳动物的大脑比其他动物发达，能产生比其他动物更复杂的行为。

家猫的毛色比较丰富。

恒定的体温

在外界温度不断变化的环境下，哺乳动物能保持相对稳定的体温。皮肤和毛发是哺乳动物的保护层，能起到遮挡风雨、隔绝冷热的作用，使身体保持相对稳定的温度，以适应各种复杂的气候环境。

形形色色的毛发

哺乳动物是个大家族，各类成员的毛发类型、色彩多种多样。它们的毛发有短有长，有直有卷，有的浓密，有的稀疏，有的色彩艳丽，有的暗淡少光。一般而言，生活在寒冷地区的动物的毛发都比生活在温暖地区的动物毛发长。

北极熊生活在北极地区，密实的皮毛有助于御寒，保持体温。

哺乳动物幼体出生时，全身的毛发还比较稀疏。

奇特的身体结构

哺乳动物的体形大小不一，但都由强有力的脊椎支撑着。哺乳动物长有不同类型的牙齿，并且功能各异。多数哺乳动物都长有外耳和尾巴，对外界环境的变化反应迅速。

狗熊以肉食为主，犬齿非常发达。

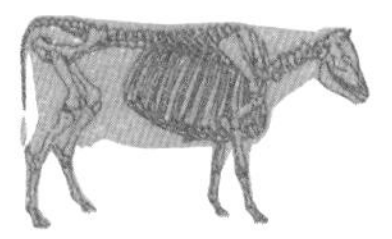

哺乳动物的骨骼系统比鸟类的更为复杂，支撑、保护和运动的功能较为完善。

哺乳动物由强有力的脊椎以及肢骨支撑着身体。

强有力的骨骼

哺乳动物的骨骼系统主要由中轴骨骼和附肢骨骼组成，支撑、保护和运动的功能都比较完善。其中，中轴骨骼起主要的支撑作用，并同时保护着内脏和中枢神经系统。而骨头间的关节能使身体有更大的活动自由。

分工明确的牙齿

哺乳动物的牙齿有门齿、犬齿、前臼齿与臼齿之分，形态与功能各不相同。门齿主要用于切割食物，犬齿用于撕裂食物，臼齿用于咬、切、压、研磨食物等。例如，肉食性动物的犬齿发达，前臼齿和臼齿齿尖锋利，利于撕裂、切割食物。

貘主要以植物为食。

耳朵和鼻子

早在1.2亿年前，哺乳动物就进化出了耳朵。多数哺乳动物的耳朵都长在外部，这能使声音直接进入大脑，以便更好地捕捉声音。而鼻子不只是哺乳动物的嗅觉器官，还与其他生命活动密切相关，如辅助呼吸、加温、防灰防菌、保持头部平衡等。

多数哺乳动物的耳朵都长在外部，便于更好地捕捉声音。

狗的鼻子后部的黏膜面积远大于人类的鼻黏膜，因此嗅觉要比人类发达。

多功能的尾巴

哺乳动物的尾巴是脊椎的延长。不同种类的哺乳动物，尾巴在大小、形状及功能上也各有不同。例如，马的尾巴又粗又长，能用来驱走蚊蝇和小虫；河狸的尾巴是它们游泳时的方向舵。有时，一些哺乳动物也用尾巴进行防卫。

大耳朵和长鼻子是大象最显著的外形特征。

尾巴是海洋哺乳动物的方向舵。

胎生和哺乳

哺乳动物的繁殖是个非常复杂而且耗时的过程。经过长时间的孕育，母体才能将幼体生下来。除了鸭嘴兽科和针鼹科，哺乳家族的其他成员都是通过胎生的方式来繁殖后代的。哺乳动物的幼体依靠吸吮母体的乳汁来获取营养。

虎仔正在吸吮母虎的乳汁。

受精卵在母体内经过多次分裂后，会形成胎儿。胎儿在母体的子宫内成长，直至出生。

来自父母的精子和卵子

受精卵在母体内受精。

哺乳动物典型的生命周期

鸭嘴兽和针鼹像鸟类一样以卵生的方式来繁殖后代。

卵生

卵生是指动物由脱离母体的卵孵化出来的生殖方式，如鸟都是通过卵生来繁殖后代的。在哺乳家族中，鸭嘴兽科和针鼹科的动物都是通过卵生的方式来繁殖后代的，像鸟类一样由母体产卵，再依靠母体的温度将卵孵化成幼体。

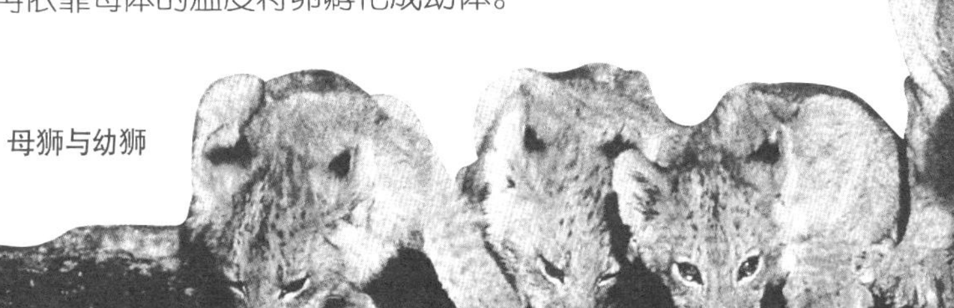

母狮与幼狮

胎生

胎生指的是动物的幼体在母体内发育一段时间后脱离母体的生殖方式。胎生哺乳动物的受精过程是在母体内完成的。受精卵经过多次分裂后，最终形成胎儿。受精卵在子宫内通过脐带和胎盘获取养分。母体为受精卵提供养分，并把废物带走。胎儿在子宫内成长，直至出生。

奶牛的乳汁营养丰富。

绵羊母子

哺乳

哺乳是哺乳动物健康成长必经的一个过程。在胎儿刚出生的一段时间里，雌性哺乳动物会利用乳腺分泌的乳汁喂养幼体。乳汁中不仅富含葡萄糖和脂肪，能够加速幼体生长，而且还含有一些抵御疾病的特殊抗体，非常有利于幼体的生长发育。

幼猎豹出生后在母豹的照料下成长，从母亲那里学会狩猎等生活的技能。

生存绝技

在弱肉强食的动物世界中，每种动物都有自己的一套驱敌避害的妙法，哺乳家族也不例外。它们善于借助保护色、利刃般的牙齿、尖利的角、飞蹄等身体优势，而且会巧妙地使用发达的大脑赋予它们的御敌智慧。

在弱肉强食的动物界，有效的御敌妙法能使动物减少被捕食的机会。

保护色和尖刺

有些哺乳动物的体色是一种保护色，不易被发现。例如，斑马的黑白色条纹在日光下能分散光线，远远望去很难将斑马与周围环境区分开；花色斑纹使虎、豹与周围环境能融为一体。有些哺乳动物浑身长着尖刺，在遇到危险时能将全身蜷起，令猎食者难以下口，如刺猬和针鼹。

在日光下，斑马的黑白色条纹能分散光线，远远望去很难将斑马与周围环境区分开。一旦猎食者逼近，高度警觉的斑马很快就会发现，并能及时逃避强敌。

花色斑纹使虎与周围环境能融为一体，因而不易被发现。

长牙和利角

长牙和利角相当于一些哺乳动物的身份证，不仅能显示这种动物的身份、地位和力量，还可以用做自卫武器。例如，长牙有助于雄一角鲸、雄象等大型动物捍卫尊严，威慑对手；长角和茸角有助于犀牛、鹿等草食性哺乳动物通过刺、戳等方式抵御捕食者。

长牙是雄象身份、地位的象征，具有强大的威慑力。

利刃般的牙齿

许多哺乳动物长着利刃般的牙齿，这些利齿不仅是捕食猎物必不可少的工具，也是抵御强敌的秘密武器。例如，狮子的长犬齿能刺、戳、固定物体，利刃般的臼齿能用来切磨、撕咬食物；狼的数十颗利齿可以用来捕食、防卫。

利齿是狼捕猎、防卫的有利武器。

长着大嘴和利齿的河马令人望而生畏。

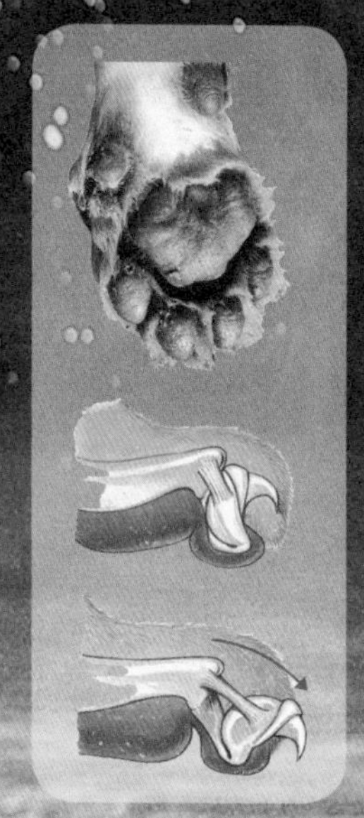

多数猫科动物的利爪平时半收在鞘内，一旦有需要，便会立即伸出。

强健的利爪

有些哺乳动物借助强健的利爪捕食猎物、抵御强敌，如虎、狮等猫科动物，以及北极熊、灰熊等熊科动物。这些动物遇到危险时，往往将利齿与利爪并用，显示出强大的威慑力和攻击性。

毒液和气味

臭名昭著的臭鼬

有的哺乳动物通过产生毒液来捕食猎物或反击猎食者的进攻。例如，雄鸭嘴兽遇到危险时，会将长有毒腺的后足贴近袭击者。有的哺乳动物依靠自身释放的难闻气味来驱敌避害。例如，臭鼬在遇敌时会喷射出恶臭的液体，能使被击中者暂时失明，强烈的臭味更是恶臭无比。

壮健的后足不仅为袋鼠的跳跃提供力量，还能有效地蹬踢外敌。

一旦遇到危险，平时彬彬有礼的斑马便会动用飞蹄踢向袭击者。

飞蹄和健足

飞蹄是有蹄哺乳动物的御敌武器。例如，斑马的飞蹄能将一些中小型的猎食者踢晕甚至踢死，锋利的蹄边缘还能让猎食者伤痕累累。壮健的后足是袋鼠格斗、退敌的首选武器。

力量和速度

许多大型的哺乳动物都具有令人惊叹的力量和速度，这也是它们除身体特征外的一大优势。例如，庞大的象可以将许多动物踩踏至死，露脊鲸能撞沉捕鲸船；河马、猎豹等在短距离内跑得要比人快得多。

狡猾的北极狐在不幸被捉时会采取蒙骗战术——装死。

河马看起来庞大笨重，实际奔跑起来比短跑运动员还要快。

猎豹猎食

集体行动

有些哺乳动物深知集体的力量是强大的，所以常常集体去捕猎食物，防御外敌。例如，狼就是哺乳家族中使用群体战术的高手。狼往往成群捕猎，遇到危险时也是列阵以待，分工明确，纪律严明。

装死

很多食肉动物只吃自己杀死的猎物，一些动物就利用这一点巧妙避敌。例如，狡猾的狐狸一旦被食肉动物捉到时，就会装死，而后就会趁食肉动物疏忽之时迅速逃脱；负鼠在遇到敌害或受到惊吓时，也会躺下装死。

早在冰河世纪，猛犸象就已经懂得了群体行动的益处。

它们的生活

与其他动物一样，哺乳家族的生活也是多姿多彩的。它们也需要筑建家园，它们有的喜欢白天活动，有的喜欢昼伏夜行，有的需要夏眠或者冬眠，在生存环境发生变化时也会自动地全体迁移。良好的沟通使它们彼此相处更加和谐。

金丝猴的主要活动都是在树上进行的，包括休息。

筑巢

哺乳动物的巢虽然不如鸟类的巢精致，但花样繁多，地点多变。例如，鼹鼠的地下洞穴往往深达1米，长达100米；松鼠通常把巢建在树洞里或枝丫间；雌性北极熊能在积雪中刨洞为巢；一些海洋哺乳动物如海狗、海豹等，则一般不在水中栖息，而是在岸上筑巢。

北极熊在北极冰原上凿洞筑巢。

觅食是哺乳动物日常生活的主要内容。

昼行与夜行

哺乳动物选择昼行还是夜行，往往取决于食物种类。很多哺乳动物都在晨昏之际外出捕食，这是因为白天气温上升，爬行类、昆虫类等冷血动物都活动起来，不易捕捉。有些哺乳动物习惯夜生活，它们往往视觉敏锐，嗅觉发达。夜行生活可以避开日间的强光，也可以避开许多猎食者。

蝙蝠是典型的夜行哺乳动物。

美洲狮在白天和夜里都很活跃，常常隐蔽在树木或岩石后面，伏击猎物。

捕食

哺乳动物有的单独捕猎，如猎豹；有的成群捕猎，如狼。不同的哺乳动物，捕食方法也不同：猎豹往往采取高速出击的方式捕食猎物；长颈鹿用灵巧的舌头卷住树叶细枝，再以犬齿扯下枝上树叶；花栗鼠用爪子使食物打转，以便刮除食物松散的部分，找出易咬碎的部分。

獴群习惯于早晨或黄昏时间外出觅食。

吃饱喝足后，棕熊就开始眯着眼睛打盹，酝酿睡眠。

冬眠

冬眠这种长时间睡眠的习性，是某些动物在长期进化过程中对于冬季严寒缺食环境所形成的一种生态适应，也叫作“蛰伏”现象。冬眠时，动物的生命活动大大减缓，能量消耗减少，主要靠体内贮存的营养物质来维持生命。冬眠的哺乳动物有睡鼠、刺猬、蝙蝠、黑熊等。

盛夏时节，蚯蚓很难在浅层地表生活，所以喜食蚯蚓的箭猪不得不找个隐蔽的地方夏眠一段时间。

夏眠

有些动物不冬眠，而是进行夏眠，以此度过酷热、干旱、缺食的炎热季节。夏眠的时候，动物的身体主要表现为不进食、不活动、陷入昏睡，呼吸微弱，体温下降，等等。例如，每当盛夏来临时，非洲马达加斯加岛上的箭猪便在隐蔽的地方夏眠几个星期，因为它爱食的蚯蚓由于耐不住炎热而几乎绝迹了。

冬眠的动物

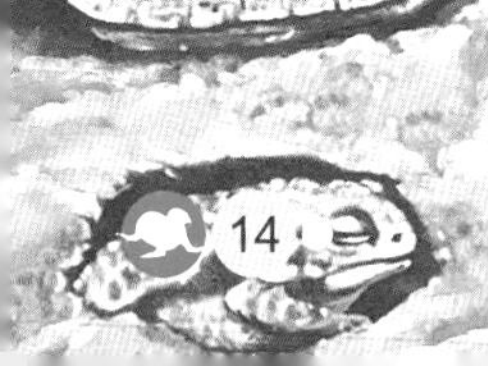

正在迁移的驯鹿群

动物大迁移

由于繁殖、觅食、气候变化等原因，有些哺乳动物会离开原栖息地，进行一定距离的移动，包括周期性移动和非周期性移动。例如，北方驯鹿在冬季时会迁移到针叶林带，春季时再返回食物丰富的北方苔原带。有的哺乳动物进行垂直方向的迁移，如在山区寒冷季节，牛羚常向低处移动以觅食。

刺猬

大猩猩喜欢捶打胸脯，这是在显示它的力量，让其他生物不要小瞧它。

信息交流

动物善于利用声音、形体姿态、动作以及气味来传递信息，进行求偶、防御敌害、攻击敌手、传递警报等。例如，狗、虎等动物利用尿的气味来标记领地；有的猴类通过叫声来发出警报，通常还伴有咆哮，以引起临近群体的呼应，等等。

熊

它们的地盘

哺乳动物种类繁多，广泛地分布在世界各地，从寒冷的极地、炎热干燥的沙漠、植物茂盛的草原林地到水量丰沛的河湖沼泽，它们的踪迹无处不在。

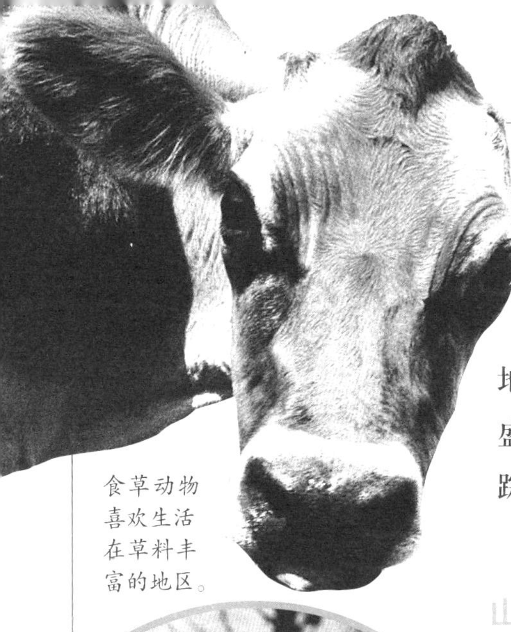

食草动物喜欢生活在草料丰富的地区。

山地和极地

山地和极地的冬季非常寒冷，生活在那里的动物通常都长有密实的皮毛，身体里蓄积了大量的脂肪，以此御寒。有些动物还能随季节变换毛色，从而进行有效的伪装。

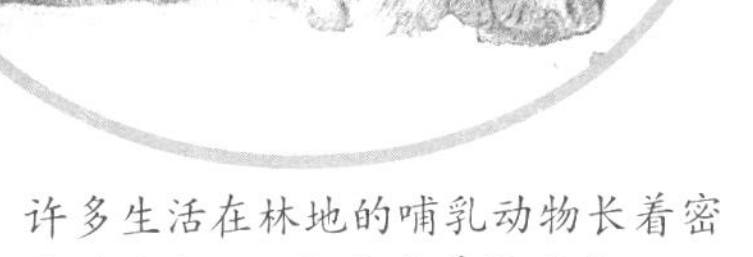

许多生活在林地的哺乳动物长着密实的毛发，以抵御冬季的寒冷。

北极熊

皮肤下面厚厚的脂肪层能有效地抵御寒冷的气候。

森林和林地

森林和林地中，植物生长茂盛，为鹿、野鼠等草食性动物提供了充足的食物来源，树丛、枝叶堆等为一些小动物提供了安全隐秘的场所，以防肉食性动物的捕食。

草原上成群的羚羊

沙漠和草原

沙漠炎热干燥，很少降雨，而且部分沙漠昼夜温差大。沙漠地区的哺乳动物通常白天在洞穴中避暑，夜间才外出觅食。草原地带开阔平整，生活着许多小型穴居动物，它们挖洞筑巢，以躲避肉食动物的袭击。丰富的草原植被为草食性动物提供了充足的食物。

骆驼被人们誉为“沙漠之舟”。

海洋不仅是鱼类的家园，也是鲸、海豚等哺乳动物的家园。

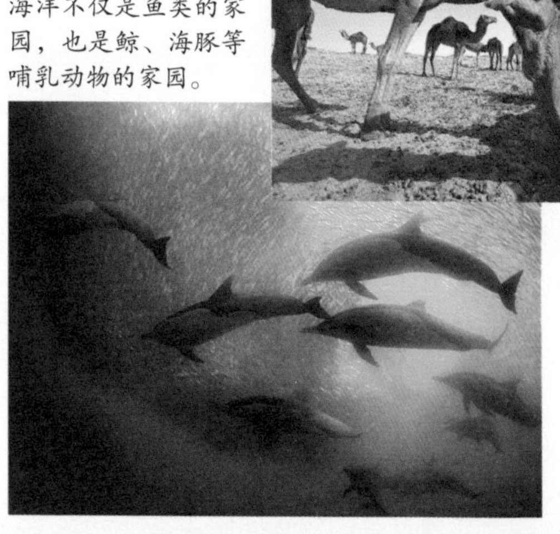

河流、湖泊和海洋

淡水河湖地带生活着许多哺乳动物，它们将巢建在水边，方便就近取用水。有些哺乳动物靠灵敏的听觉和触觉在泥水中觅食。海洋是鲸、海豚等哺乳动物的家园。它们中的大多数都不能离开水而生存。

草原地区为草食性哺乳动物提供了丰富的食物和充足的水源。

庞大的家族

世界上的哺乳动物有4000种左右，它们共同组成了脊椎动物门下的哺乳纲。根据类群外形特征、生活习性等方面的差异，哺乳纲又下分单孔目、啮齿目、翼手目等近30个目。

单孔目

单孔目是哺乳纲中原兽亚纲仅有的一目，下分鸭嘴兽科和针鼹科两科，只分布在大洋洲地区，主要在澳大利亚东部及塔斯马尼亚生活。单孔目动物像鸟类一样以卵生的方式繁殖下一代。

各种啮齿目动物的栖息场所

浣熊属于哺乳纲食肉目动物。

啮齿目

啮齿目是哺乳纲中种类最为繁多的一目，全世界有2000种左右，几乎遍布南极和少数海岛以外的世界各地。啮齿目动物只有1对门齿，喜欢啮咬较坚硬的物体，门齿无根，能终生生长。

翼手目

翼手目是哺乳纲中仅次于啮齿目的第二大类群，现生物种约900种，除极地和大洋中的一些岛屿外，遍布全世界。翼手目动物是哺乳家族中唯一会飞行的动物，它们的四肢和尾之间覆盖着薄而坚韧的皮质膜，可以像鸟一样鼓翼飞行。

蝙蝠是翼手目动物的典型代表，可以振翅飞翔。

灵长目

灵长目是哺乳纲中，也是动物界中最高等的类群，约180种，主要分布在亚洲、非洲和美洲的温暖地带，大多栖息在林区，生活在树上。灵长目动物大脑发达，大多过群体生活，群体的规模大小根据种类的不同而有所差异。

灵长目动物眼眶朝向前方，眼眶间距离较窄。

灵长目动物大多过群体生活，群体的规模大小根据种类的不同而有所差异。

象属于哺乳纲长鼻目动物。

食肉目

食肉目动物是哺乳纲中体形差异最大的一个目，约250种，小的体长十几厘米，大的体长可达几米。食肉目动物体形矫健，肌肉发达，牙齿锋利，长有锐爪，有利于捕捉猎物。猫科、犬科、熊科、大熊猫科和鬣狗科都属于这一目。

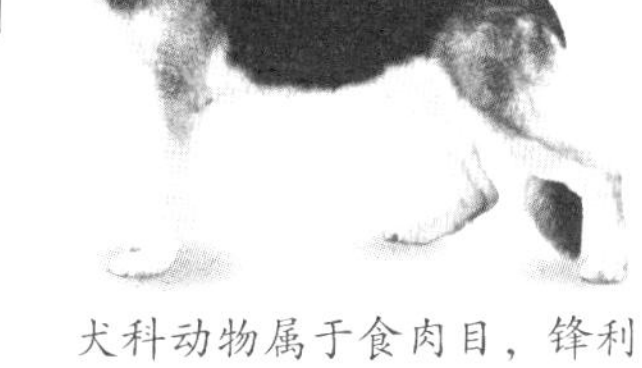

犬科动物属于食肉目，锋利的牙齿有利于猎食。

亚洲黑熊属于食肉目熊科动物，食性较杂。

有袋类

有袋类是哺乳纲中的一大类群，包括负鼠目、袋鼬目、袋狸目、双门齿目等8个目的动物，主要分布在大洋洲，少数在美洲。有袋类动物因长有育儿袋而得名，幼体出生后会待在母体的育儿袋里吸奶长大。有袋类的代表动物有袋鼠、树袋熊等。

负鼠是一种比较原始的有袋类动物。

鬣狗与角马之间的较量

有蹄类

有蹄类泛指四肢强健、趾端有角质的蹄的哺乳动物，包括奇蹄目和偶蹄目。其中，奇蹄目因趾数多为单数而得名，包括马、貘和犀牛等动物。偶蹄目因蹄多为双数而得名，在种类、数量和分布上远远超过奇蹄目，包括鹿、长颈鹿、骆驼等动物。

犀牛属于奇蹄目动物，前足和后足都长有3个趾头。

长颈鹿属于偶蹄目动物，通常由粗大的第3、4趾来均衡地承担体重。遭遇敌害时，形似铁锤的巨蹄便成了长颈鹿有力的武器。

骆驼步幅大而轻快，持久力强，加上蹄的特殊结构，所以，骆驼能成为沙漠中重要的交通工具。

海洋中的哺乳类

海洋中的哺乳类包括鲸目、海牛目和鳍脚亚目。其中，鲸目动物主要以海洋鱼类、中小型海洋哺乳动物为食，海牛目以植物为食。鳍脚亚目动物的四肢已经进化成鳍肢，在陆地上能用来行走，在水中能用来游泳。

海豚属于鲸目哺乳动物。

由于人类的过度捕猎和栖息地的减少，藏野驴正面临着生存危机，已被列为国家一级保护动物。

濒危与灭绝

由于人类的活动，如伐林、狩猎等，哺乳动物的栖息环境遭到了严重的破坏，有些种类的哺乳动物正濒临灭绝。科学家们指出，在未来几十年里，人类活动将继续导致哺乳动物的种类下降。黑足鼬、夏威夷僧海豹、大熊猫、麋鹿等都在濒危动物之列。

大熊猫活动于高山丛林中，通常单独行动。

栖息地的减少，使大熊猫的生存现状令人堪忧。

大熊猫

大熊猫主要分布在中国西南，青藏高原东部边缘，栖居于高山丛林中。雌性大熊猫一生只产几个仔，而且幼仔成活率很低。缓慢的繁殖、日益减少的栖息地和人类的残害，都导致了大熊猫数目的减少。目前，中国的绝大多数大熊猫都被放养在特设的自然保护区内。

额头上形似"王"字的花纹使东北虎获得了"丛林之王"的美誉。然而，在人类滥伐、乱捕乱杀的情况下，"丛林之王"也面临着生存危机。

东北虎

东北虎主要分布在中国的东北地区，头圆，耳短，嘴方阔，额头上的花纹形似"王"字，被誉为"丛林之王"。由于人类的滥伐森林、乱捕乱杀等行为严重地破坏了生态平衡，东北虎面临着灭绝的危险。

夏威夷僧海豹

僧海豹曾大量分布在加勒比海和地中海海域。由于人类的狂捕滥杀，目前，加勒比海僧海豹已经灭绝，地中海僧海豹近乎灭绝，夏威夷僧海豹预计在未来三四年里可能会减少至不足1000只。

海豹广泛分布于世界各地海域。其中，南极海豹数量稀少，已经被列为国际保护动物。

濒危的狐猴能在马达加斯加岛繁衍生息，是因为那里与世隔绝的生存环境。

黑足鼬

黑足鼬属于肉食性哺乳动物，它们的食物、栖息地都与草原犬鼠密切相关，由于草原的破坏和减少，加上鼠疫的肆虐导致了草原犬鼠数量骤减，因此，直接威胁到黑足鼬的生存。

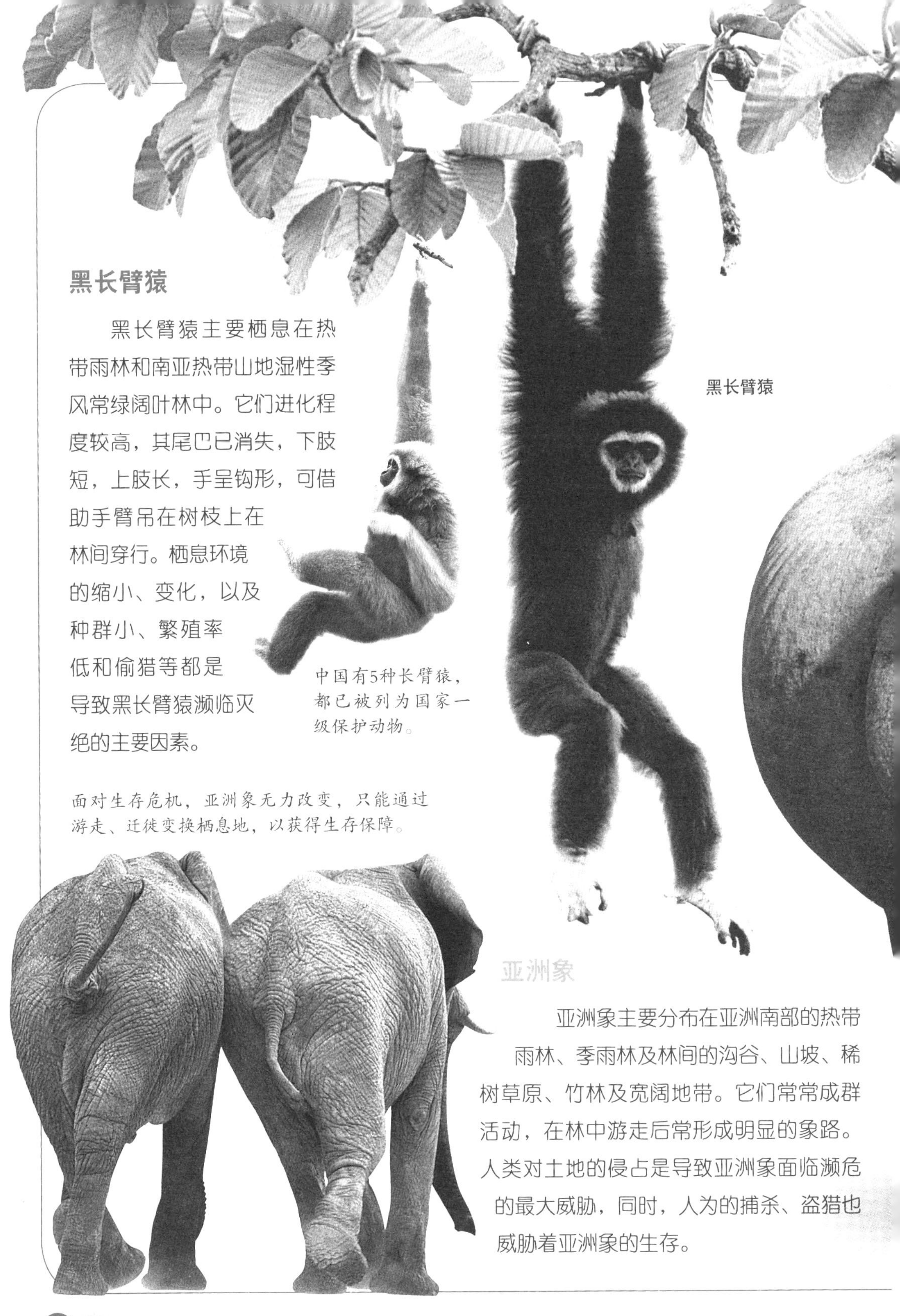

黑长臂猿

黑长臂猿主要栖息在热带雨林和南亚热带山地湿性季风常绿阔叶林中。它们进化程度较高，其尾巴已消失，下肢短，上肢长，手呈钩形，可借助手臂吊在树枝上在林间穿行。栖息环境的缩小、变化，以及种群小、繁殖率低和偷猎等都是导致黑长臂猿濒临灭绝的主要因素。

中国有5种长臂猿，都已被列为国家一级保护动物。

黑长臂猿

面对生存危机，亚洲象无力改变，只能通过游走、迁徙变换栖息地，以获得生存保障。

亚洲象

亚洲象主要分布在亚洲南部的热带雨林、季雨林及林间的沟谷、山坡、稀树草原、竹林及宽阔地带。它们常常成群活动，在林中游走后常形成明显的象路。人类对土地的侵占是导致亚洲象面临濒危的最大威胁，同时，人为的捕杀、盗猎也威胁着亚洲象的生存。

大猩猩

大猩猩是人类的近亲，它们在猿类动物中体形最大，有的体重能超过225千克，站起来约有2米高。但是，全球环境的恶化导致野生大猩猩的繁殖率越来越低。同时，豹的猎杀、人为的捕杀，以及肺炎、寄生虫等其他疾病因素，都在严重威胁着大猩猩的生存。

黑犀牛

在非洲，“埃博拉”病毒的蔓延几乎使大猩猩绝迹。

黑犀牛

黑犀牛主要分布在非洲地区，栖息在接近水源的林缘山地地区。黑犀牛的体色其实是灰色的，因为经常在泥土中打滚而呈黑色。19世纪60至80年代，黑犀牛曾遭到大肆猎杀，数量急剧减少。20世纪末的最后5年，黑犀牛的数量才首次得以回升。

目前，麋鹿均生活在特设的自然保护区中。

麋鹿

麋鹿因鹿角像鹿，头像马，身体像驴，蹄像牛，而有“四不像”之称，是中国特有的动物。18世纪时，中国的野生麋鹿已经灭绝，只圈养一些专供皇家狩猎的鹿群，后被盗运出国。自20世纪80年代以来，中国分批从国外引回了80多只麋鹿，将它们养在特设的自然保护区内，致力于恢复麋鹿野生物种。

保护它们

自地球诞生以来，地球上出现过数百万种动物，逾百万种动物因为各种原因已先后灭绝。目前，近千种动物濒临灭绝。动物是自然界的重要组成部分，一直与人类的生存、生活休戚相关，保护动物已经迫在眉睫。

动物是自然界的重要组成部分。

环境污染不仅威胁着动物的生存，也对人类的生存生活构成危害。

灭绝原因

历史上，许多动物的灭绝都可以归结于地球气候环境的变化、激烈的生存竞争、遗传性状变化和人为因素等原因。其中，人为因素越来越明显。人类为了自我保护、食用和获取毛皮而导致动物灭绝的实例不计其数，人类占用、破坏野生动物栖息环境的事例仍在不断发生。

保护动物的必要性

在人类出现以前，自然动物界拓展或缩减的历程是缓慢和渐变进行的。人类出现以后，随着人类活动的加剧，自然动物界长久的平衡状态被打破，导致了许多物种的灭绝。而人类作为大自然的改造者和庇佑者，也会因为自然界的失衡而危及生存。保护动物是刻不容缓的行动。

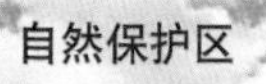

人类是大自然的改造者，也应该是大自然的保护者。

WWF

世界自然基金会标识

动物保护团体

目前，世界上有许多团体致力于动物保护。其中，世界自然基金会是世界上最大的、经验最丰富的独立性非政府环境保护机构，它的前身是世界野生生物基金会，在世界各地都有分支机构。世界自然基金会的最终目标是制止并最终扭转地球自然环境的加速恶化，并帮助创立一个人与自然和谐共处的美好未来。

恐龙是生物史上赫赫有名的灭绝动物。虽然在恐龙时代，人类还没有出现，但是气候环境的变化、残酷的生存竞争都可能是导致恐龙灭绝的重要因素。

怎样保护动物

目前，许多国家都制定了相关的动物保护法规，从法律上强制执行各种动物保护措施。人们应该自主地增强动物保护意识，不破坏环境，不污染环境，禁止猎杀受保护的动物，设置自然保护区，通过各种实际行动来保护动物。

植树造林，保护环境，对于动物和人类的生存都有利。

人们要增强环保意识，首先应该停止破坏自然的行为。

保护自然，并非仅仅是保护某种特定的动物或植物，而是保护大自然原有的生态，使大自然保持平衡。这就要求人们正确地认识自然、了解保护动物的重要性，停止破坏自然的行为，在保护动物的同时，积极寻找其他更好的生活方式。

野生动物保护区

野生动物保护区是在典型的自然地带内建立的保护区，人们只需稍加管理即可恢复类似原生植被和动物区系，使得区内的生物链正常运行。自1872年美国建立世界上第一个自然保护区——黄石国家公园之后，世界各国就陆续建立了各种类型的自然保护区。

大熊猫在保护区内自由地生活。

黄石国家公园中的野牛

第二章

卵生和有袋类动物

在哺乳家族中，并非所有成员都是直接生产幼体的，少数成员像鸟类一样是靠生蛋、孵蛋来繁育后代的，如鸭嘴兽和针鼹。有些成员长有特殊的育儿袋，幼体出生后会首先钻进母体的育儿袋中生活，继续生长发育，等到长到一定程度才会离开育儿袋，独立生活，如袋鼠、树袋熊等有袋类动物。

鸭嘴兽：奇怪的面具侠

鸭嘴兽长相十分奇特，就像是戴着一张怪异的鸭嘴面具，它们是目前世界上哺乳类中最原始而奇特的动物，也是最有代表性的卵生哺乳动物。

长相怪异

鸭嘴兽可能是世界上长相最奇怪的动物之一了，它们的外形既像哺乳动物，又像鸟类。鸭嘴兽全身都长着柔软的、浓密的黑毛，身体像水獭，尾巴又长又宽，像海狸，脚趾上还长有蹼，嘴巴扁平——脚和嘴都很像鸭子。

鸭嘴兽进入水中后，就会把四肢伸展开来，厚厚的蹼就像四片大桨。

鸭嘴兽的食物

游泳高手

鸭嘴兽是水陆两栖动物，大部分时间都在水里。鸭嘴兽是游泳能手，它用前肢蹼足划水，靠后肢掌握方向。在它胖乎乎的身体外面披着一层亮毛，使它入水后不会湿透。它的耳朵没有耳廓，但有一个小小的耳孔，游泳时耳孔关闭，可以防止进水。

哺育后代

鸭嘴兽妈妈生下来的是软壳蛋，它会像鸟一样趴在上面孵化。差不多10天之后，小鸭嘴兽就破壳而出了，这时它只有3厘米长，眼睛看不见东西，也没有尾巴。为了让小鸭嘴兽茁壮成长，鸭嘴兽妈妈就仰面朝天地躺着，好让小鸭嘴兽爬到它的肚子上吃奶。6个月后，小鸭嘴兽就能自己到河床底觅食了。

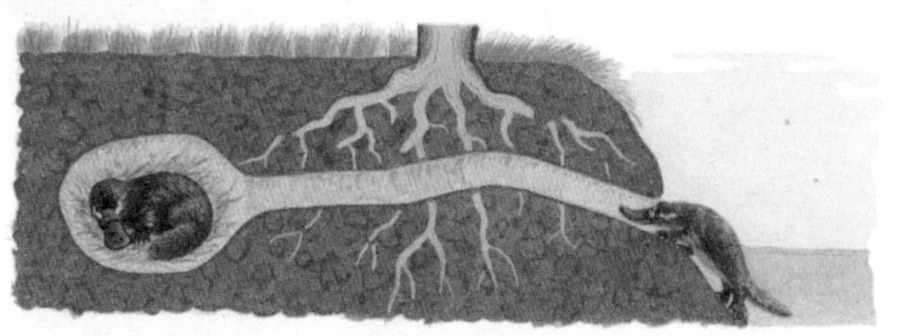

繁殖季节到来时，雌鸭嘴兽会挖掘一条长长的地洞，以备产卵之用。

雌兽每次产两三枚卵。

鸭嘴兽的繁殖过程

卵孵化约10天后，幼仔破壳而出，眼睛尚未睁开，发育还不完全。

雌兽没有乳头，乳汁透过腹部的皮肤附着在毛上，幼仔靠舔食乳汁摄取营养。

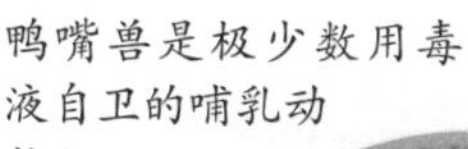

鸭嘴兽是极少数用毒液自卫的哺乳动物之一。

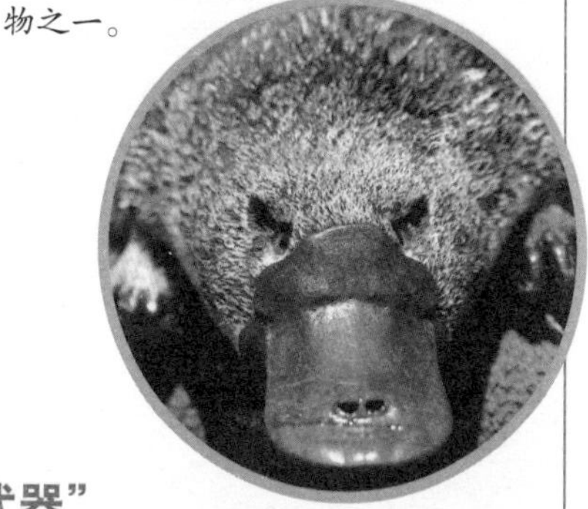

鸭嘴兽生活在水边，最爱吃虾、蚯蚓和昆虫的幼虫。

液态“武器”

鸭嘴兽的爪子不仅锐利，在雄兽后脚的大拇趾上还长着锋利的角质距，终身都存在。这个角质距和蝰蛇的毒牙很相似，能分泌致命的毒液，这就成为它们防御敌害的“护身符”。雌性鸭嘴兽出生时也有毒刺，但长到30厘米时就消失了。

针鼹：护身有妙招

针鼹与鸭嘴兽同属于单孔目动物，以卵生的方式繁殖后代。与鸭嘴兽明显不同的是，针鼹身上有披着长刺做成的“外衣”，这层“外衣”像护身符一样保护着针鼹免受一些敌害的侵袭。

针鼹能用长而锐利的钩爪掘土，遇到危险时能快速掘土为穴藏身，天气寒冷时掘洞冬眠。

针鼹是一种比较原始的哺乳动物，与鸭嘴兽同属于单孔目。

针鼹身上长着锋利的硬刺，形似刺猬。

不辞辛苦为食忙

针鼹栖息在灌丛、草原、疏林和多石的半荒漠地区等地带，白天隐藏在洞穴中，夜间四处活动觅食。它四肢强健，趾端长着长而锐利的钩爪，可以用来掘土和挖掘蚁巢。针鼹的长嘴像管子一样，鼻孔开在嘴边，长长的舌上带有黏液，便于取食白蚁和蚂蚁。

白蚁和蚂蚁是针鼹的主要食物。

逃跑怪招

针鼹的御敌本领要比刺猬高明得多。针鼹不仅能通过蜷缩成球来避害，还能进行回击。通常针鼹会背对敌人，将棘刺像箭一样射出，刺入敌害的体内。不久，棘刺脱落处就能长出新的棘刺来。针鼹还能通过快速掘洞藏身来逃避敌害。

临时的育儿袋

每到繁殖时期，雌针鼹的腹部就会长出一个育儿袋。产卵后，雌针鼹用嘴将卵衔入育儿袋中。卵孵化成小针鼹后，会继续留在袋中，舐吸滴落下来的乳汁来获取营养。约一个半月后，小针鼹长大了，离开育儿袋，育儿袋也就自然消失了。

有袋动物：育儿新法长

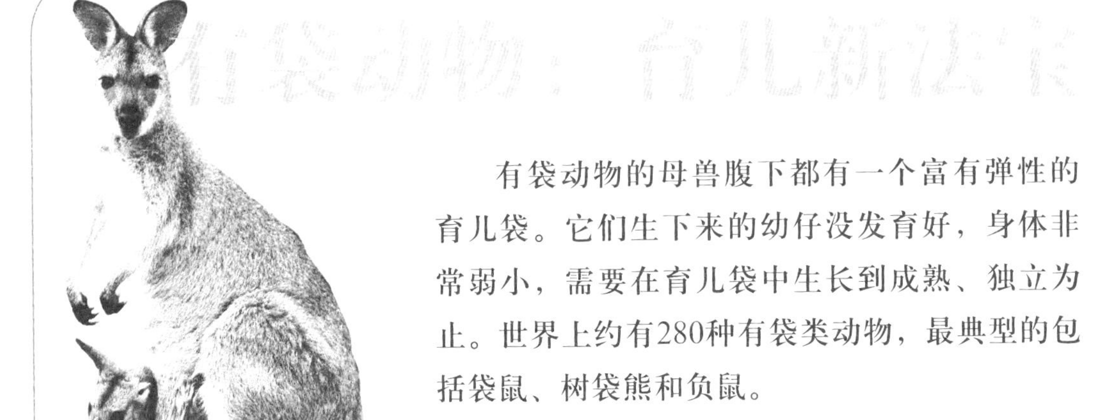

有袋动物的母兽腹下都有一个富有弹性的育儿袋。它们生下来的幼仔没发育好，身体非常弱小，需要在育儿袋中生长到成熟、独立为止。世界上约有280种有袋类动物，最典型的包括袋鼠、树袋熊和负鼠。

有袋动物主要生活在森林里或草地上。

早产一族

雌兽的育儿袋里有乳头，可以分泌乳汁。因为有袋目动物一般都没有胎盘，无法给胎儿提供充分的营养和氧气，所以怀孕期很短。发育不完全的新生儿一生下来就会爬入育儿袋，靠吸取乳汁获得营养，直到能够自由行动、自己取食才会离开育儿袋。

“塔斯马尼亚恶魔”

袋獾是全世界体型最大的肉食性有袋哺乳动物，也是澳大利亚塔斯马尼亚岛特有的生物种类。袋獾长得很丑，生性凶恶又贪食无厌。它们不但吃各种小鸟、小兽和蜥蜴类，有时还去村庄里偷吃家禽和家畜。袋獾的叫声非常凄厉，行动敏捷，神出鬼没，所以被当地的人们称作“塔斯马尼亚恶魔”。

袋獾躯体粗壮，头短且宽，外形像熊。

树袋熊的怀孕期仅为35天，小树袋熊出生时才2厘米长，不到1克重。

攀附能力非常强的足

柔软且厚实的体毛

弗吉尼亚负鼠对食物从不挑剔，不论是活的动物还是死的动物，它们都喜欢吃。

帚尾袋貂是澳大利亚最常见的有袋动物。

会装死的负鼠

弗吉尼亚负鼠是美洲最大的有袋动物。它们分布广泛，地上或树上的果实、蛋、昆虫等都是它们的食物。当弗吉尼亚负鼠遇到袭击无路可逃时，它们就会一动不动地装死。

树袋熊：憨憨“熊”宝

树袋熊又叫考拉，属于有袋动物，因常在树上活动而得名。树袋熊浑身都毛茸茸的，行动缓慢，神态憨厚。树袋熊是澳大利亚特产的动物，像中国的大熊猫一样闻名世界。

树袋熊母子

树袋熊

树袋熊长有大而扁平的足，足上长有5趾。

以树为家

树袋熊一生中的大部分时间都是在桉树上度过的。白天，它们喜欢抱着树枝闭目休息，虽然大耳朵低垂，但是周围一旦有动静，耳朵便马上有所察觉并会即刻惊醒；夜间，树袋熊会外出活动，在树与树之间来回移动，或者是到地面上行走。

树袋熊的体形肥胖，毛又乱又厚，没有尾巴。

攀爬高手

树袋熊肌肉发达，四肢修长而强壮，适于在树枝间攀爬。另外，粗糙的掌垫和趾垫可以帮助树袋熊抱紧树枝，四肢上尖锐的长爪能让它们牢牢地攀附在树干和树枝上，即使熟睡时也不会从树上掉落。

树袋熊在树与树之间来回移动，取食桉树叶。

天然“香水”

树袋熊对食物非常挑剔，只吃两三种桉树的树叶和树芽，很少喝水，主要靠从食物中获取足够的水分维持生命所需。由于桉树叶中含有能发出香味的桉树脑和水茴香萜，所以树袋熊的身上总是散发着一种淡淡的清香。

树袋熊的食物

树袋熊只吃桉树叶和桉树芽。

温暖的育儿袋

小树袋熊出生后，会在妈妈的帮助下爬进育儿袋里找奶吃。树袋熊的育儿袋向后开口，便于小树袋熊爬进。小树袋熊在育儿袋中待上八九个月才能离开，然后跟随母熊四处活动。小树袋熊成长到4岁左右时就能独立生活了。

袋鼠：跳远健将

袋鼠是典型的有袋动物，在2500多万年前便已经在澳大利亚地区出现了。从凉爽的林区到广阔的沙漠平原，不同种类的袋鼠在澳大利亚各种不同的自然环境中自由地生活，演绎着跳远界的神话。

小袋鼠在妈妈的育儿袋中健康成长。

安全的袋囊

育儿袋为袋鼠幼体的安全生长提供了庇护。袋鼠没有胎盘，所以幼体在母体内生长的时间很短，出生时体长不到2厘米，而且身上没有毛，眼睛和耳朵都闭着。它们会顺着母体的尾巴爬到育儿袋中，寻找乳头，吸吮乳汁，继续生长发育。

雌袋鼠常常带着孩子一起活动，有时会感到疲累。

小袋鼠出生后身体比较虚弱，需要在母亲的育儿袋里继续发育生长。

小袋鼠在育儿袋里生活约7个月后，可以暂时离开育儿袋，自由活动。

出生约7个月后，小袋鼠就能从育儿袋中探出头或暂时离开育儿袋。随着身体的发育，小袋鼠离开育儿袋生活的时间也逐渐变长，但它们仍时常将头钻入袋中吸吮乳汁，直至断奶，离开育儿袋。不过，小袋鼠还会生活在母亲的周围，以便随时获得帮助和保护。

袋鼠斗殴

看起来温驯可爱的袋鼠有时非常好斗。争斗时，袋鼠用后腿支撑身体，挥动前腿，互相抓挠，好像在进行拳击比赛。争斗激烈时，它们还用强劲有力的后腿踢打对方，遇到危险时，袋鼠常常用这种方法发动反击。处在交配期的雄性袋鼠往往会为了争夺雌性而进行激烈的搏斗。

在繁殖期，雄性袋鼠特别好斗，它们通过决斗的方式赢得雌性袋鼠的青睐。

蹦蹦跳跳

大多数袋鼠不会走路，只会用后腿进行跳跃，而且速度很快。跳跃时，它们的两只后足一起蹬地，以便获取足够的弹跳力，与此同时，身体前倾，带动身体前行，尾巴可起到平衡身体的作用。落地前，袋鼠后腿前伸，后足着地，作为落地的支点。

树栖袋鼠

在澳大利亚和新几内亚岛的热带雨林中，分布着一些树栖袋鼠。与生活在陆地上的袋鼠不同，这种袋鼠长有较长的前腿、较短的后足和后腿，能飞快地在树林中穿梭，从一根树枝跳到另一根树枝上，并用弯曲的爪子和粗糙的足掌抓住树干。

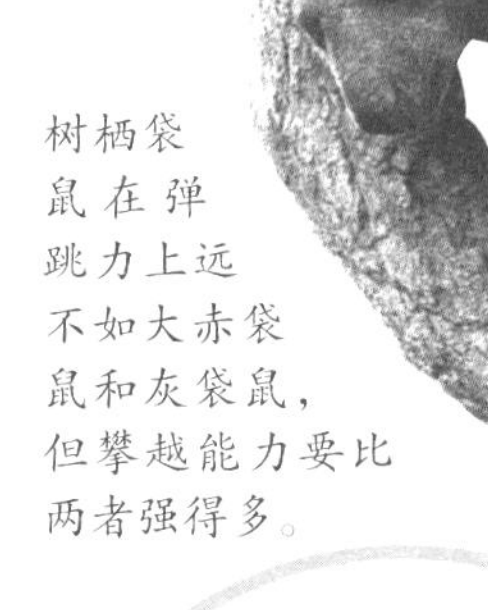

树栖袋鼠在弹跳力上远不如大赤袋鼠和灰袋鼠，但攀越能力要比两者强得多。

灰袋鼠

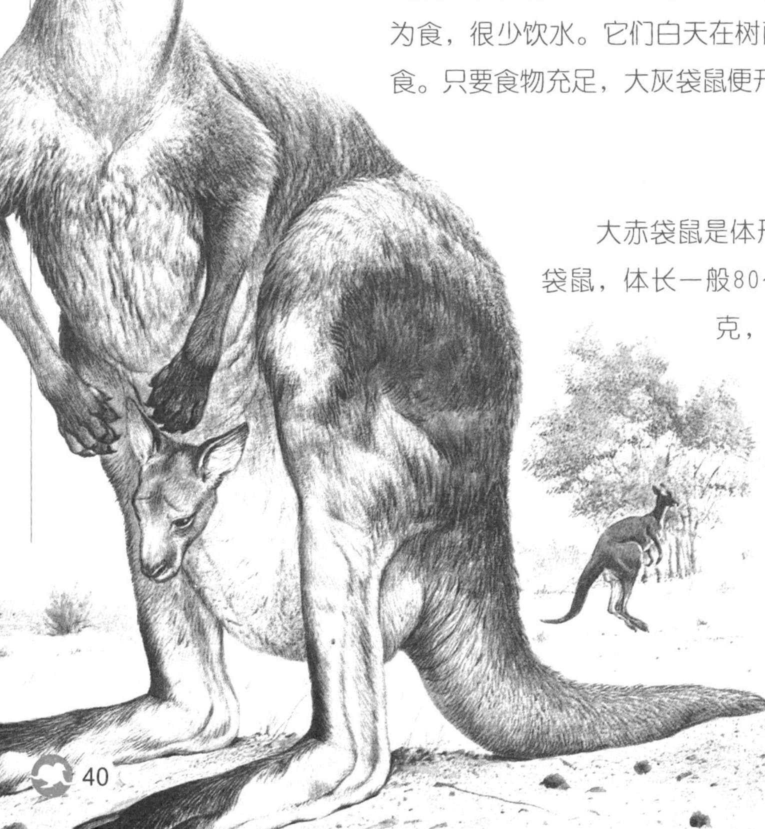

在澳大利亚，大赤袋鼠最为常见。

灰袋鼠

在澳大利亚东部和塔斯马尼亚岛的干燥、开阔地区，分布着一些通体灰色的袋鼠。这些灰袋鼠主要以草为食，很少饮水。它们白天在树荫下休息，黄昏时分外出觅食。只要食物充足，大灰袋鼠便开始繁殖后代。

大赤袋鼠是体形最大的有袋动物，也叫红袋鼠，体长一般80～160厘米，体重23～70千克，而且身体终生生长。实际上，只有雄性大赤袋鼠是红色的，雌性大赤袋鼠为灰蓝色。它们非常善于跳跃，在缓慢行进时，每一跳有1.2～1.9米；在奔跑时，每一跳可达3米以上。

第三章

食虫类、贫齿类和蝙蝠

●●食虫类、贫齿类和蝙蝠大多喜欢夜间活动。其中，食虫类动物主要以昆虫和蚯蚓等为食，如刺猬、穿山甲、鼹鼠等；贫齿类动物多数长有结构简单却能终生生长的牙齿，如树懒、犰狳等；蝙蝠是唯一会飞的哺乳动物，它们广泛地分布在除两极和一些边远的海洋小岛之外的世界各地。

刺猬——孤独的刺球

刺猬比较警觉。

刺猬是一种小型的哺乳动物，偏圆的身体上长着令人生怯的针状短刺。刺猬性格孤僻，喜欢在夜间活动，捕食地面上的小型动物。如果遭遇敌害，它们会将身体蜷成一团，使身体看起来好似带刺的球。

刺猬性格比较孤僻，喜欢安静的栖息环境。一般情况下，刺猬会远离人类的活动区域，把窝做在郊野荒地的边缘或溪流边上。刺猬怕光、怕热、怕惊，所以白天大多在树枝旁边或土巢中休息，夜间出来活动。

遇到危险时，刺猬会把身体蜷缩成球形，保护身体柔软的部分。

防卫利器

刺猬的头顶和背部覆盖着6000多根短刺，这些刺是刺猬的防卫利器。许多食虫动物遇到危险时都会立即逃生，而刺猬遇到危险时则会把身体卷成球形，保护身体柔软的部分，全身的刺都竖立起来，就会使捕食者难以下手。

免费清洁

刺猬是一种杂食动物，主要以昆虫、蜘蛛和蚯蚓为食，兼食植物的根和果实等。如果不被人类惊扰，野生的刺猬能自由出入公园、花园或小院，免费帮助人类清除虫蛹和老鼠。有时，刺猬找不到可口的肉食，也会吃一些果实，这就权且当作劳务费了。

刺猬的食物

冬天睡大觉

刺猬是一种冬眠动物。当秋季天气转凉时，刺猬开始为冬眠做准备了。它们四处搜集草或落叶，并将这些东西铺到土洞中，搭建温暖的巢穴。与此同时，刺猬尽量多进食，在体内储存大量脂肪，以供冬眠过程中的能量所需。当气温下降到2℃以下时，刺猬开始进入冬眠状态，冬眠时间可长达6个月。

刺猬身上长着令许多动物畏惧的针状短刺。

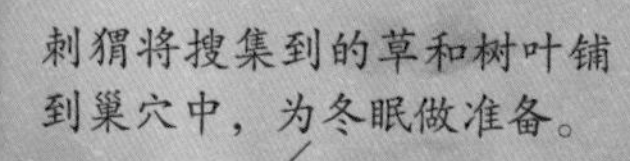
刺猬将搜集到的草和树叶铺到巢穴中，为冬眠做准备。

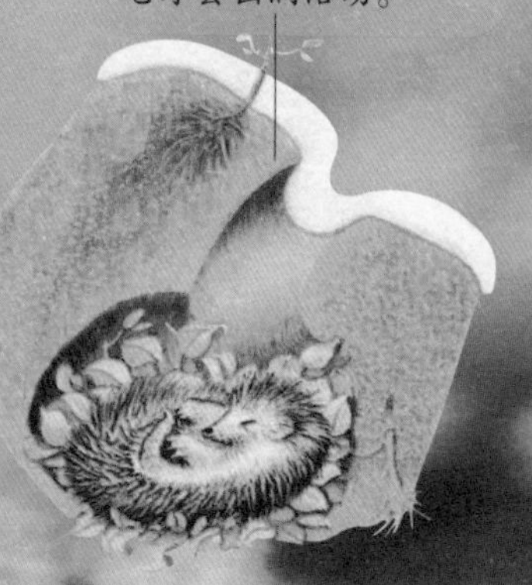
冬天到了，刺猬开始冬眠，一般要6个月后，它才会出洞活动。

穿山甲：打洞将军

穿山甲是一种具有代表性的食虫动物，身上覆盖着层层相叠的鳞片，并善于掘洞，能穿山而行，是名副其实的打洞将军。穿山甲常单独行动，昼伏夜出。

各种各样的穿山甲

穿山甲在掘洞穿山时，先用尖利的趾爪开路。

巧妙穿山

穿山甲善于掘洞，且掘洞速度非常快。前足上尖利的趾爪是穿山甲掘洞穿山的工具，小且尖的头便于穿山甲钻入掘开的洞中，从而带动整个身体在洞中穿梭。

在遇到敌害而无法逃生时，穿山甲会把身体蜷缩成球形，全副的鳞甲就会变成穿山甲的“保护衣”。

御敌有术

穿山甲在遭遇敌害而无法快速逃生时，也会像刺猬一样将身体蜷缩成球。背部的鳞甲能使穿山甲免受一些猎食者的侵害。不过，这种御敌方式对付猎人就失效了，所以遇到猎人时，逃跑才是穿山甲唯一的良策。

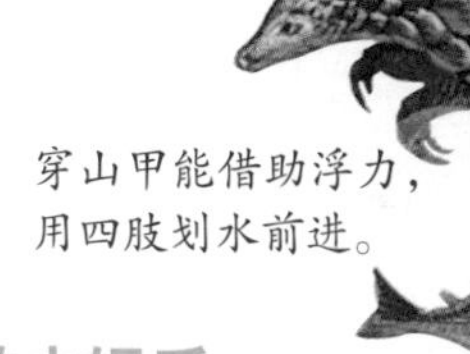

穿山甲能借助浮力，用四肢划水前进。

面对穿山甲的球形披甲，老虎也无从下手。

游水娱乐

穿山甲的皮下长有约1厘米厚的脂肪层，瓦状排列的鳞片间隙存有空气，所以穿山甲能借助浮力在水中漂游，用前后肢划水，使身体前进。有时，穿山甲为了避开敌害的追击，会暂时潜入水中逃生。

喜好清洁

穿山甲平时喜欢独居在洞穴中，喜好清洁，从不随地大小便。每次大便前，穿山甲先在洞口的外边1～2米的地方挖一个5～10厘米深的坑；将粪便排入坑中后，再用松土覆盖。实际上，这种习性也是为了防止猛兽闻到气味跟踪而来。

红蚂蚁是穿山甲喜欢的猎物之一。灵敏的嗅觉会帮助穿山甲快速找到红蚂蚁的藏身之处。

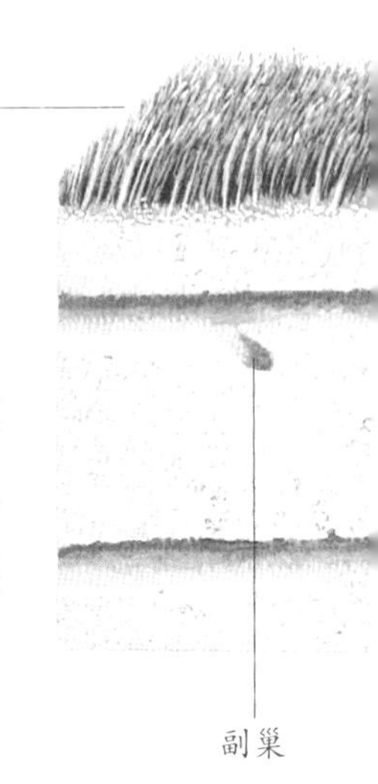

鼹鼠是哺乳家族中的地道挖掘工，一生大部分时间在地下度过。它们的地宫四通八达，而且还设有专门的巢室，用于各种生活所需。由于鼹鼠善于打洞，现在“鼹鼠”在媒体报道中已经变成了“间谍”的代名词。

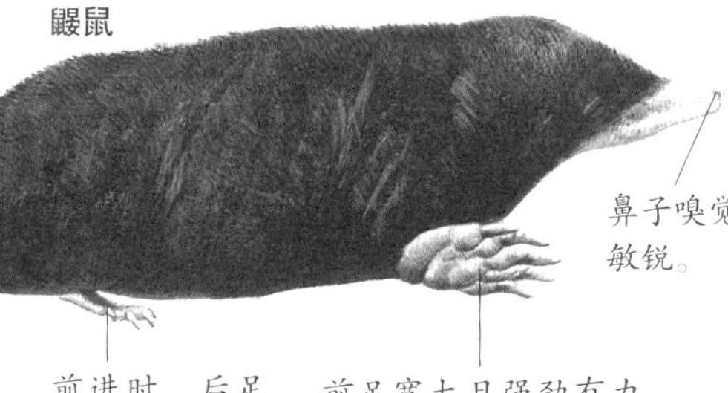

鼹鼠的前脚掌宽大、强健，像铲子一样，掌心向外翻转。鼹鼠常用强健的肌肉带动“铲子”掘洞，并用头推开土壤，使身体在地下穿行。鼹鼠在挖洞时常把掘出的土堆在地面上，所以它们的行踪很容易被发现。

复杂的地宫

鼹鼠有一个非常宽大复杂的地下巢穴系统，每个巢穴系统通常有一个用于休息的主巢和一个用于储存食物的“储藏室”。鼹鼠常在主巢上方地面堆积一个小丘，并在主巢中铺一些草或树叶。主巢外的其他通道通常被用作鼹鼠穿梭地下的隧道。

通行隧道　主巢

鼹鼠的“地下宫殿”

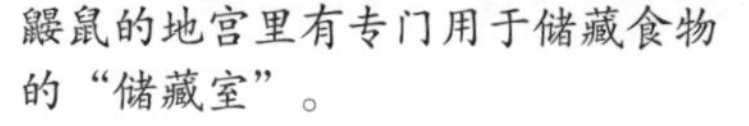

鼹鼠的地宫里有专门用于储藏食物的“储藏室”。

觅食特性

鼹鼠成年后，眼睛深陷在皮肤下面，视力完全退化。它们在地道中穿行或在地面上行走时，常常借助灵敏的嗅觉和触觉搜寻猎物，以蚯蚓、昆虫的幼虫为主食。鼹鼠每天必须进食大量的食物，10～12个小时不进食便会危及它们的生命。

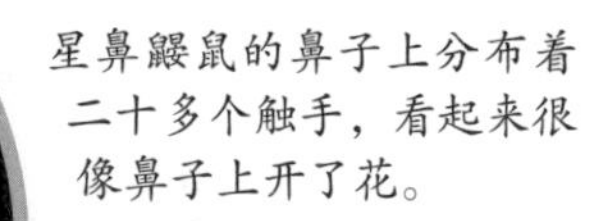

星鼻鼹鼠的鼻子上分布着二十多个触手，看起来很像鼻子上开了花。

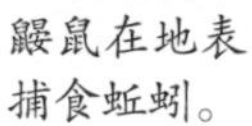

鼹鼠在地表捕食蚯蚓。

鼹鼠的食物

鼻子“开花”的鼹鼠

在美国北部和加拿大的低地地区，生活着一种鼻子“开花”的鼹鼠——星鼻鼹鼠。星鼻鼹鼠的鼻子上面有二十多个触手，每个触手上覆盖着上千个细小颗粒。星鼻鼹鼠用鼻子上的触手来识别食物，以便猎食小型的无脊椎动物、水生昆虫、蠕虫和软体动物。

树懒：耐饿的“[illegible]懒虫”

树懒是贫齿目动物，树懒动作迟缓，常常用爪子倒挂在树枝上数小时不移动，因此得名。树懒实在是懒惰成性，它们甚至懒得去觅食，能耐饥一个月以上，即使到非得活动不可时，动作也是懒洋洋的。

树懒常常[illegible]不动，看起[illegible]有些像猴。

树懒生活在茂密的雨林中，以树为家，以树叶为主食。

似猴非猴

[illegible]起来很像猴，[illegible]上不是猴，[illegible]与猴好[illegible]比更是截然相反。树懒已经特化为树栖动物，它们在[illegible]能走路，偶尔在地面上活动时也全靠前肢拖动身体前行，[illegible]。连被人追赶、捕捉时，树懒也还是慢吞吞地爬行。

以树为家

树懒生活在美洲茂密的热带森林中，几乎一生不见阳光，以树为家，以树叶、嫩芽和果实为食。树懒前肢明显比后肢长，在树上活动时竖着身体向上爬行，或倒挂在树上，靠四肢交替向前移动。

树枝上的树懒

树懒的前肢明显比后肢长。

非常生活

树懒每天要睡十七八个小时，即使醒来也极少活动。这是因为树懒生活在茂密的热带雨林中，不必为饮食而发愁。排泄时，树懒会沿树干悄悄爬下来，然后用短尾巴在地面上掘个小坑，再将粪便排到坑里并用土掩埋，然后赶紧爬回树上。

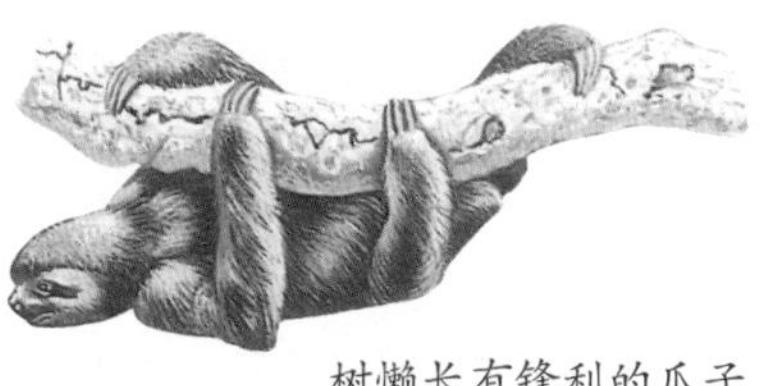

树懒长有锋利的爪子，能在树上攀爬自如。

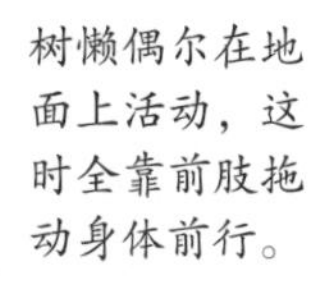

树懒偶尔在地面上活动，这时全靠前肢拖动身体前行。

生存秘籍

如此懒惰成性、行动迟缓的树懒能在动物界中繁衍至今，自然有一套生存秘籍。首先，浓密的毛发有助于树懒防御中小型食肉动物的抓咬，锋利的爪子有利于树懒反击敌害。其次，树懒在树上活动，体色与环境色相近，天敌相对较少，而且不易被发现。其实，对树懒的生存威胁最大的反倒是人类对森林的破坏。

树懒每胎只产一仔，即使在哺育幼仔的时期也是懒懒的。

犰狳：重甲武士

犰狳是唯一有壳的贫齿类动物，几乎全身覆盖着硬的骨质鳞甲，很像一个重甲武士，看起来威风凛凛。不过，犰狳的腹部没有鳞甲，所以容易成为敌害的攻击要

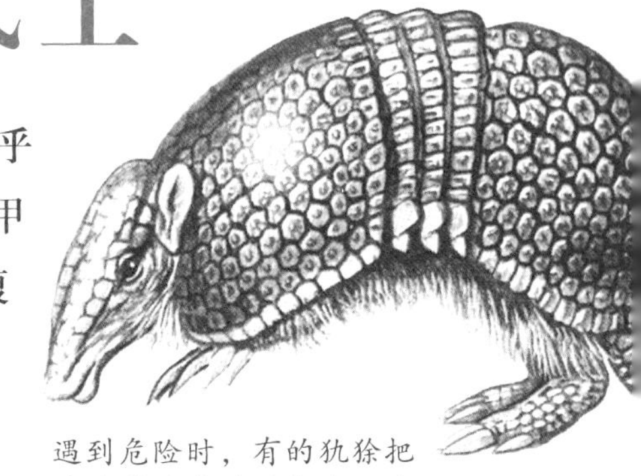

遇到危险时，有的犰狳把身体紧紧地蜷缩起来，使猎食者无从下手。

九绊犰狳善于游泳，有时可以潜水。

犰狳的背部和四肢外侧覆盖着骨板与鳞板，它们由几列可动的横带分成前后两部分，横带间由弹性皮肤连接，构成了保护躯体的防护铠甲。有的犰狳凭借自己坚硬的骨甲，把身体紧紧地蜷缩起来，形成一个球形的铁甲团，就连大型的肉食性动物也无从下口。

犰狳身上的铠甲是由许多小骨片组成的，异常坚硬。

犰狳全身覆盖着骨质鳞片，看起来威风凛凛。

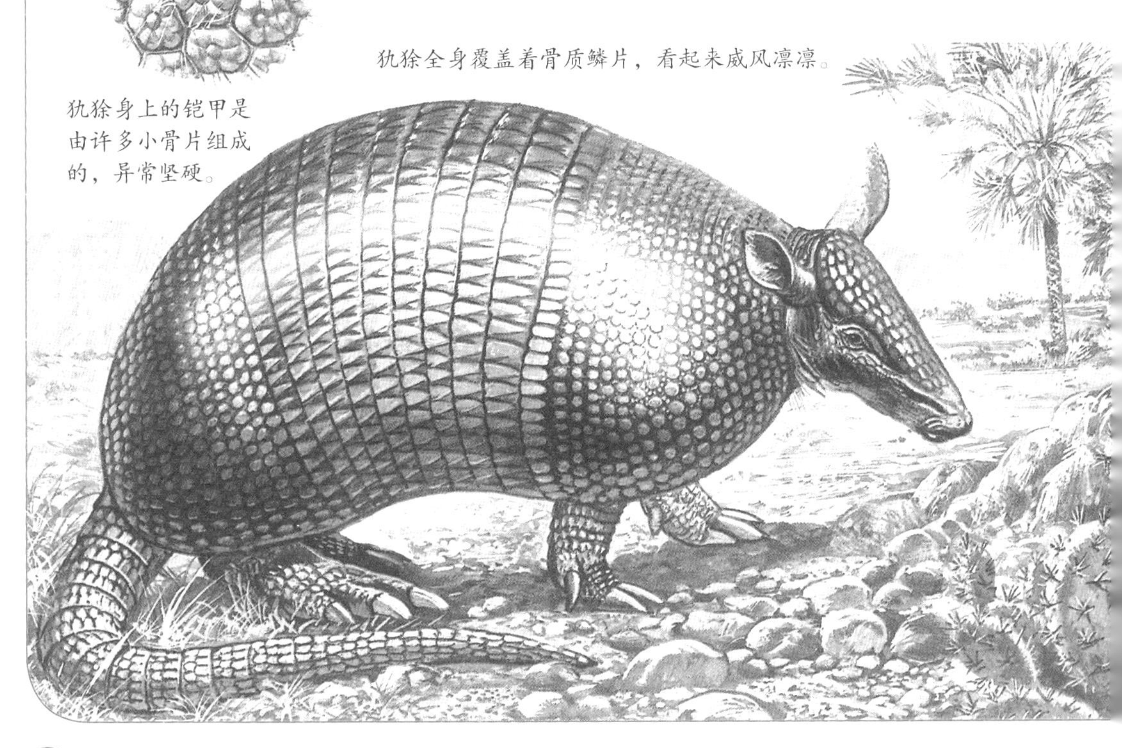

一逃二堵三伪装

“一逃二堵三伪装”是犰狳的御敌策略。犰狳的嗅觉和视觉都非常灵敏，一旦意识到所处环境危险时，犰狳便能以极快的速度掘洞，隐身到沙土里，此为“一逃”。逃入土洞后，犰狳会用尾部的盾甲紧紧堵住洞口，此为“二堵”。“三伪装”指的是犰狳有时会蜷缩成球形“铁甲团”，来抵御外敌。

犰狳一旦遇到危险，便会酌情采取“一逃二堵三伪装”的御敌策略。

犰狳长着利爪，善于掘洞，生活在土洞中。犰狳的洞穴可以与鼹鼠的地宫相媲美。

生存本领大

除了“一逃二堵三伪装”外，犰狳还有一些保障生存的有利习性。犰狳主要栖身在茂密的灌木丛、草地或荒野中，白天躲在洞穴里，夜间外出活动。此外，犰狳可以吃甲虫、蠕虫、白蚁、黑蚁、蝗虫、小蜥蜴、鸟蛋、坚果和蛇类等，不愁饿肚子。

大犰狳

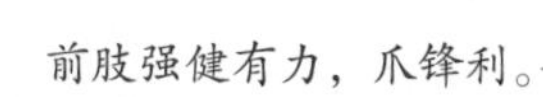

前肢强健有力，爪锋利。

犰狳家族

犰狳家族在贫齿目中数量最多，分布最广，广泛分布于中美洲和南美洲热带森林、草原、半荒漠以及温暖的林地。其中，最大的大犰狳重达60千克，最小的小犰狳不过120克。动物学家根据犰狳鳞片环带数目的多少，把犰狳家族分成三大类：三绊犰狳、六绊犰狳和九绊犰狳。

食蚁兽：长舌大胃王

顾名思义，食蚁兽是以白蚁和蚂蚁为食的，它们的足爪和长舌都是为了利于食蚁而特化成现在的模样。一头食蚁兽在一个蚁穴中只吃140天左右的蚂蚁，吃完后就会再另换一个蚁穴。大食蚁兽一天可吞下约3万只蚂蚁，是个十足的大胃王。

食蚁兽及其食物

一头食蚁兽的舌头能伸60厘米长，并能以每分钟150次的频率伸缩。舌头上遍布小刺并带有大量的黏液，蚂蚁被粘住后便无法逃脱。食蚁兽猎食时，往往用有力的前肢打开蚁穴，再将它们的长鼻子伸进蚁穴，用长舌捕食，囫囵吞蚁，靠胃部变厚的幽门磨研食物。

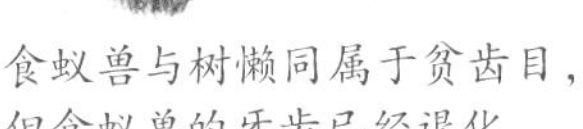
食蚁兽与树懒同属于贫齿目，但食蚁兽的牙齿已经退化。

食蚁兽非常贪吃，一天能吃下约3万只蚂蚁。

御敌策略

如果遇到危险，大食蚁兽往往首先快速逃跑。如果实在逃不脱，它们就用后肢站立，尾部坐在地上，竖起前半身，用前足锐利的钩爪进行反击。与此同时，食蚁兽口中还会发出一种奇特的哨声，用以威胁敌害。

灵活的尾巴便于树栖食蚁兽在树上捕食、活动。

树栖还是地栖

所有食蚁兽在地面活动时都显得缓慢而笨拙。小食蚁兽和环颈食蚁兽完全或部分过着树栖生活，喜欢夜间活动，在树上时用前足趾爪抓挂，以双肢交替前进的方式沿着树干运动。大食蚁兽则完全是地栖者，主要在日间活动，用指关节及弯曲的趾行走。

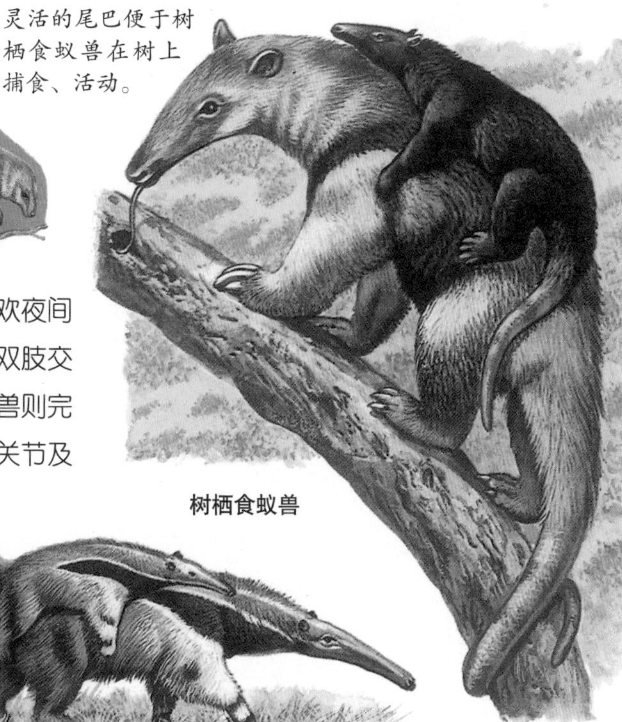

树栖食蚁兽

地栖的食蚁兽对未成年的幼兽照顾得无微不至。

大食蚁兽

面部修长，鼻子嗅觉敏锐。

前肢粗壮有力，长着镰刀般的利爪。

尾巴肥大，长着浓密的长毛。

大食蚁兽

大食蚁兽全身长近2米，尾长超过1米。它们全身长着长而粗的毛，毛色呈棕褐色，尾部肥大且长着下垂的长毛。大食蚁兽嗅觉特别灵敏，能从空气中嗅出猎物的所在地，而且食量惊人。

蝙蝠：会飞的哺乳动物

蝙蝠是哺乳家族中唯一会飞行的类群。它们像鸟类一样长着翅膀，能振翅飞翔。除南北极及一些边远的海洋小岛外，蝙蝠几乎遍及世界各地。蝙蝠喜欢夜间活动，能通过超声波定位来觅食、躲避敌害等。

蝙蝠主要栖息在山洞、树洞、古老建筑物的缝隙以及山上的岩石缝中。一些食果实的蝙蝠隐藏在棕榈、八角树的树叶后面。有些蝙蝠种群会上千只地栖居在一起，有些种群雌雄在一起生活，有些种群雌雄分开生活。

有些蝙蝠会在人类的居所附近安家落户，通称为家蝠。

倒挂着睡觉

蝙蝠喜欢倒挂着睡觉。蝙蝠的后腿短小，并且和宽大的翼膜相连，不利于地面爬行，遇到危险也不方便逃脱。但如果爬到高处倒挂起来，一旦遇到侵袭，蝙蝠只需把爪子松开，身体下沉，就可以轻松地起飞、逃离。

雌蝙蝠在飞行时也不忘带着幼蝠。

蝙蝠喜欢群居生活，它们一起栖息在山洞中。

翅膀由爪子间相连的皮肤（翼膜）构成。

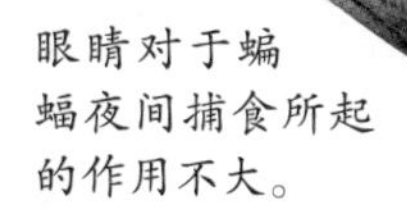
眼睛对于蝙蝠夜间捕食所起的作用不大。

蝙蝠

耳大，能捕捉超声波的回音。

每只蝙蝠都能辨别出自己发出的超声波，即使几只蝙蝠一起捕食，也不会被其他蝙蝠的超声波所干扰。

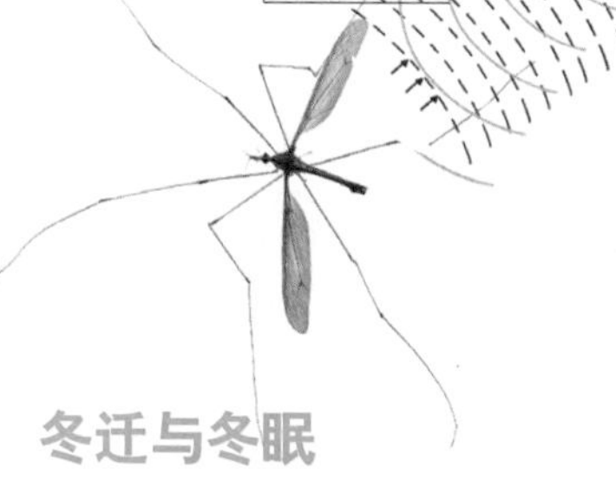

超声波定位

成群的蝙蝠在夜空中飞行而不会与任何物体相撞，这要归功于它们的超声波定位本领。蝙蝠在飞行时能发射超声波，这种超声波遇到障碍物时就会反射回来。蝙蝠会根据回声的强弱来判明物体的方位、大小以及它们与自己的距离，从而采取相应的行动。

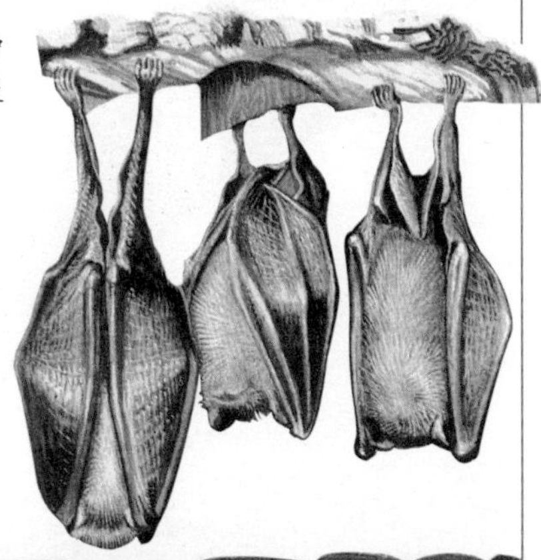
每当寒冷的冬季来临，有些种类的蝙蝠就会迁徙到较为温暖的地方过冬或者进行冬眠。

冬迁与冬眠

冬季，许多栖息在树林中的蝙蝠都要迁徙到温暖的地区过冬，有时迁徙路线长达数千里。而温带的穴居蝙蝠一般都有冬眠的习性，如果冬眠场所的温度发生变化而不适于冬眠，它们也会迁向温度适宜的地方继续冬眠。

夜间活动时，蝙蝠依靠超声波定位捕食昆虫等猎物。

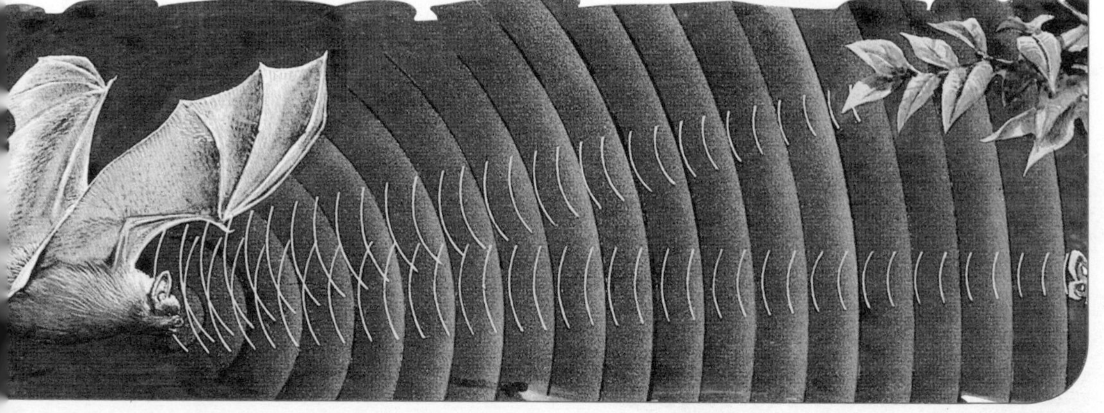

蝙蝠家族："大""小"分明

欧洲家蝠

蝙蝠实际上是翼手目动物的通称，包括大蝙蝠亚目和小蝙蝠亚目。大蝙蝠亚目体形较大，主要以花、果实为食，如狐蝠；小蝙蝠亚目在体形上较小，以昆虫、血、小动物、果实、花为食，如吸血蝠。

小长鼻蝠

小长鼻蝠是一种以果实为食的蝙蝠，果实中的种子能从它们的消化道里完整无损地排出，落在地面生根发芽。小长鼻蝠喜欢吃一种仙人掌果实中的黏性物质，然后将剩下的种子从栖息的树上投下，种子就会在土中长出仙人掌的幼苗。

小型蝙蝠的食物

小长鼻蝠常食一种仙人掌果实中的黏性物质。

斗牛犬蝠

斗牛犬蝠

斗牛犬蝠属于小蝙蝠亚目，嘴唇似兔，耳朵长而尖。斗牛犬蝠过群居生活，喜欢捕食昆虫。大斗牛犬蝠还经常掠过水面，利用后足的利爪捕鱼吃。在巴拿马的巴罗科罗拉多州岛，大斗牛犬蝠就以鱼为主食。

印度狐蝠

印度狐蝠是蝙蝠中体形最大的一种，主要分布在印度、巴基斯坦、尼泊尔、不丹、缅甸和斯里兰卡等地，以植物的果实和花蜜为食，尤其爱吃香蕉等软质的果实。印度狐蝠体长为20～25厘米，面部形似狐狸；前肢和后肢完全由弹性的皮膜联结在一起，皮膜展开时宽达150厘米。

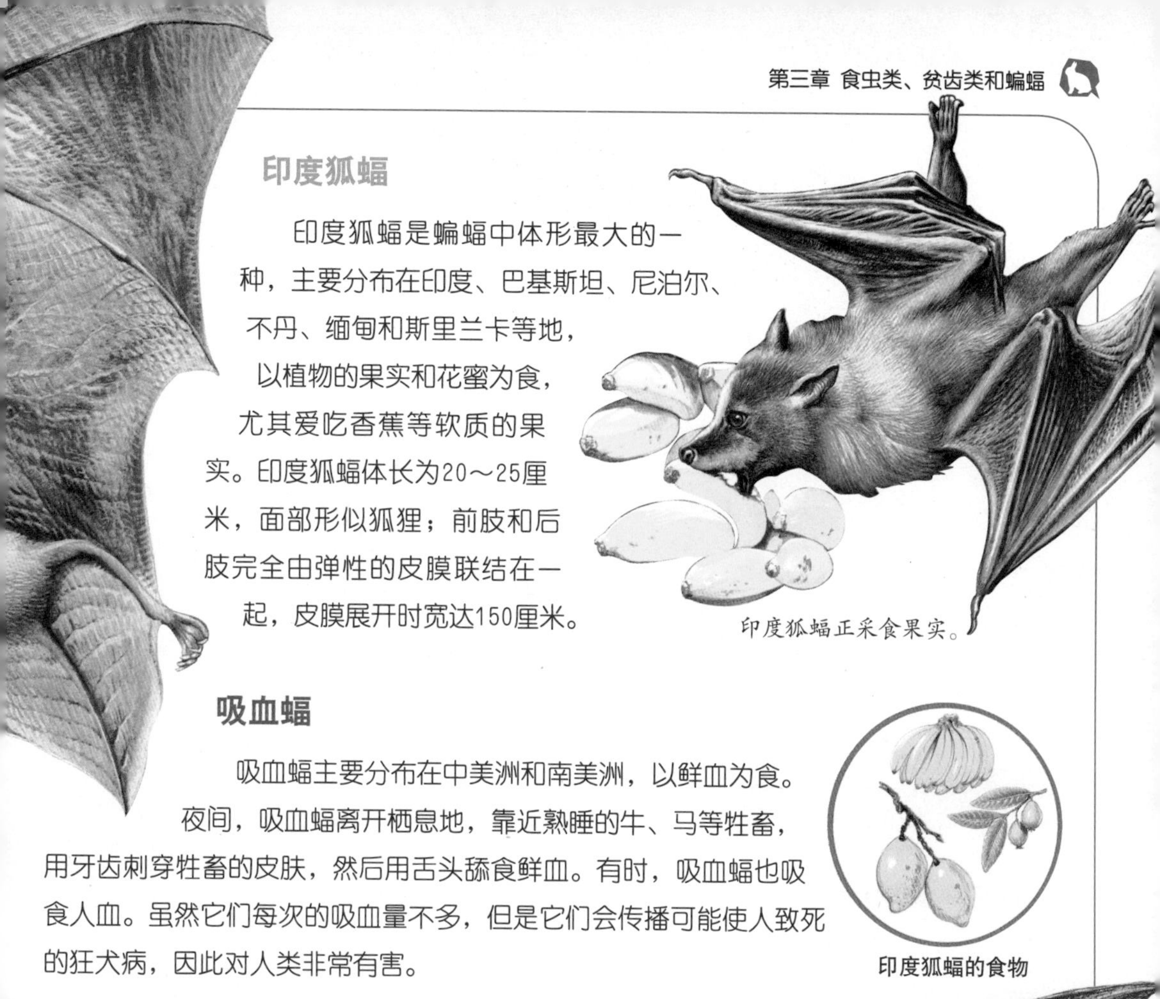

印度狐蝠正采食果实。

吸血蝠

吸血蝠主要分布在中美洲和南美洲，以鲜血为食。夜间，吸血蝠离开栖息地，靠近熟睡的牛、马等牲畜，用牙齿刺穿牲畜的皮肤，然后用舌头舔食鲜血。有时，吸血蝠也吸食人血。虽然它们每次的吸血量不多，但是它们会传播可能使人致死的狂犬病，因此对人类非常有害。

印度狐蝠的食物

吸血蝠夜袭家畜。

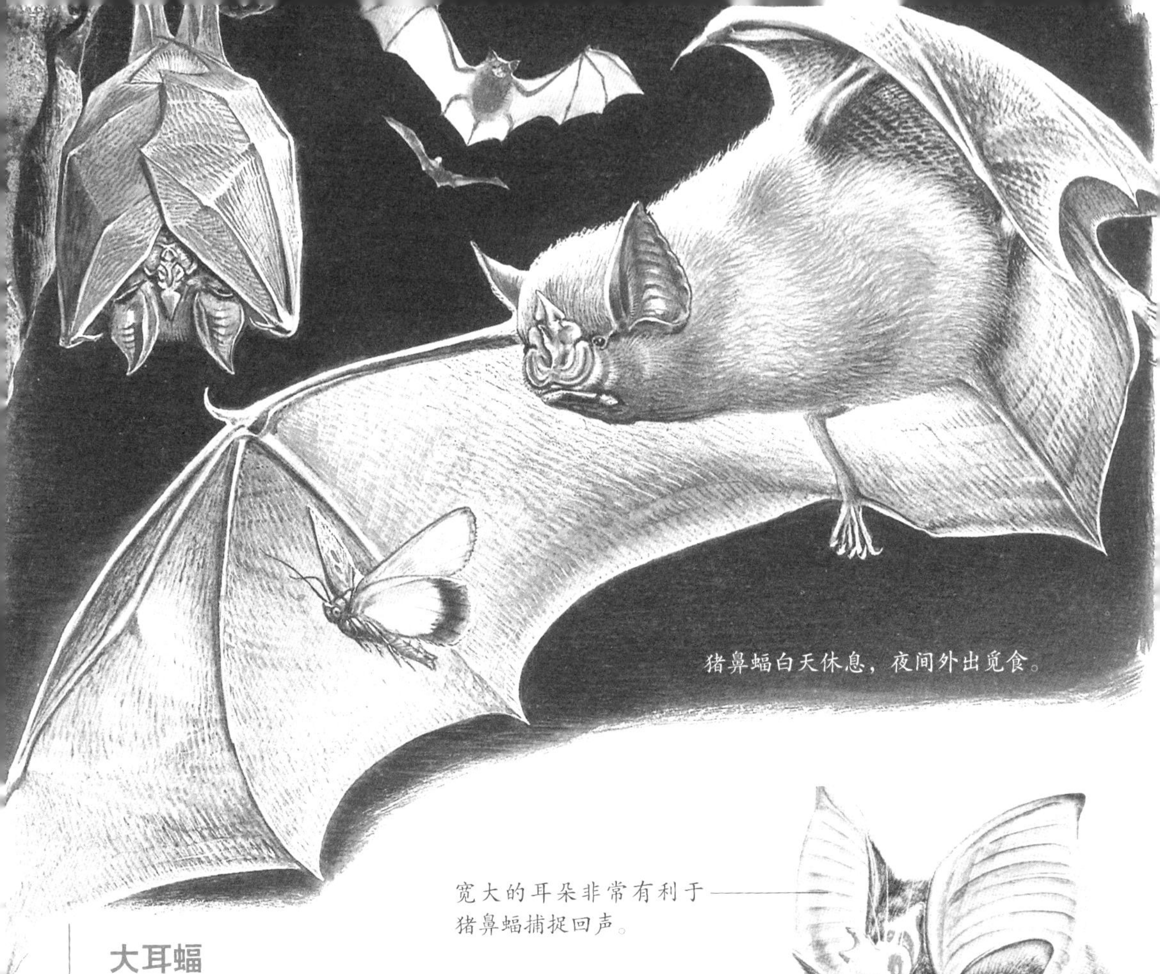

猪鼻蝠白天休息，夜间外出觅食。

宽大的耳朵非常有利于猪鼻蝠捕捉回声。

猪鼻蝠的鼻子很小，形似猪鼻。

大耳蝠

大耳蝠又叫兔蝠，体形较小，耳朵长约3.7厘米，并呈椭圆形，几乎接近前臂的长度，两耳内缘基部相连。它们主要栖息在山洞、树洞或屋顶内，飞行时耳朵倒向后方。它们主要以捕食昆虫为生。

大耳蝠

猪鼻蝠体形非常小，体长只有3厘米左右，体重约为2克。它们的鼻子很小，外形与猪鼻相似，但是耳朵非常发达，有利于超声波定位。猪鼻蝠栖息在热带森林中，白天一般在山洞里休息，晚上外出觅食昆虫等。

第四章

啮齿类动物和兔类

●●啮齿类是哺乳家族中种类最多、分布最广的类群，包括松鼠、花鼠、家鼠、仓鼠、跳鼠、睡鼠、豪猪、河狸等动物。啮齿类动物都长有发达的门齿，由于门齿终生生长，所以啮齿类动物总喜欢啃啃咬咬，来磨短门齿。兔类和啮齿类有一定的亲缘关系，它们和啮齿类一样长有可以不断生长的门齿，在生活习性上也与啮齿类有些相像。

啮齿类动物：门牙大将

啮齿类动物是地球上分布最广、种类最多的哺乳动物，全世界共有1800多种，包括老鼠、松鼠、田鼠、豪猪和河狸等。啮齿类动物门齿发达，大多数种类以啃食植物为生，有些种类也吃昆虫和一些无脊椎动物。

啮齿类动物门齿发达，喜好啃食。

松鼠是啮齿类动物的一个典型代表。

奇特的牙齿

啮齿类动物没有犬齿，门齿发达。门齿没有齿根，能终生生长，磨损后始终呈锐利的凿子状。啮齿类动物喜好啃物，不只是为了取食，还能借助啃噬行为磨短不断生长的门齿。

巢鼠常在植物的茎上或枝条间攀爬觅食，它们会用咬断的草编织成巢穴。

善用洞穴

啮齿类动物体形中等偏小，数量多，繁殖快，适应力强，能生活在绝大多数的生境中。其中，大多数种类过穴居生活，它们善于利用洞穴来藏身，躲避天敌，哺育幼仔，贮存食物，适应不良的气候条件，等等。

有时，啮齿类动物啃食不只是为了取食，还为了磨短不断生长的门齿。

繁殖迅速

啮齿类动物的繁殖能力惊人，少数种类只在每年春季繁殖1窝幼仔，多数种类则在春、夏、秋产3窝左右。其中，家鼠在隐蔽条件好、食物充足的情况下能终年生殖，每年可产6～8窝幼仔。

鹿鼠是北美洲分布最广、数量最多的啮齿类动物。

有益还是有害

啮齿类动物家族庞大，多数种类为草食性动物，不少种类食性较杂，少数种类以昆虫或鱼为食。啮齿类动物由于啃食的习性，能危害农林、草原，盗吃粮食，破坏贮藏物、建筑物等，有的种类还能传播鼠疫等病原。总体而言，啮齿类动物对人类益少害多。

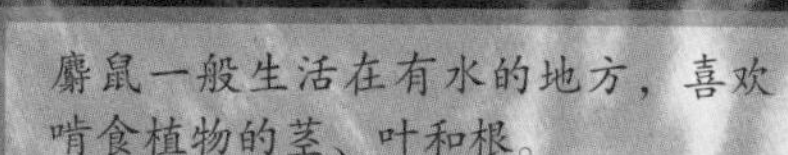
麝鼠一般生活在有水的地方，喜欢啃食植物的茎、叶和根。

藤鼠喜欢啃食甘蔗，是非洲经济作物的主要破坏者之一。

豪猪：笨笨的弓箭手

豪猪身上的刺是由体毛特化而成的，有些刺还生有倒钩，非常锐利。

豪猪是一种大型的啮齿类动物，肥胖的身体上插满了箭一样的长刺，看起来笨头笨脑。豪猪广泛分布在欧洲、亚洲和非洲，栖息在海拔较低的山林茂密处，属于夜行动物。

豪猪的刺是中空的，很容易脱落。

以刺对敌

一旦受到惊吓或遭遇敌害，豪猪便会立即把尾部的刺竖起来，抖动硬刺，刷刷作响，以震慑敌人。如果敌人还不走开，豪猪便会用刺发动反击。豪猪的刺一旦扎进肉里就很难拔出，还易引起伤口感染。

芒刺在背

豪猪的毛刺自肩部一直长到尾部，尾部的刺可长20～40厘米。豪猪的刺是由体毛特化而成的，容易脱落，有些刺尖端还生有倒钩，像一根根利箭，非常坚硬而锐利。

豪猪栖息在地下巢穴中，巢中设有专门的紧急出入口。

随身携带“小铃铛”

豪猪的尾巴非常短，隐藏在毛刺的下面。由于尾部毛刺较硬，顶端膨大，形状好像一组“小铃铛”。豪猪行走时，随身携带的这些“小铃铛”会互相撞击，发出响亮的“咔嗒”声，在数十米以外就能听见。这种“咔嗒”声常常能震慑凶猛的食肉兽类，使之不敢靠近。

豪猪的食物

有的豪猪善于爬树，身上的刺很短。遇到地面上的一些敌害时，攀树逃生比用刺反击更有效。

夜行生活

豪猪通常住在天然的石洞中，有时也打洞居住。白天，豪猪在洞中休息。夜间，豪猪开始外出，常常在山脚、山坡、草地中活动，活动路线比较固定。豪猪主要啃食草根、树叶、树皮和野果等，尤其喜欢盗食玉米、花生和薯类等作物。

松鼠和花鼠：猜猜我是谁

松鼠和花鼠同属于啮齿目松鼠科，它们在体形上比较相似，都长有长长的毛茸茸的尾巴，但是在生活习性方面却存在着许多差异。例如，松鼠主要在树上生活，而花鼠大部分时间都在地上或地下活动。

松鼠主要在树上生活。

松鼠筑巢

松鼠通常用小树枝或一些苔藓植物在枝叶茂密的树上搭建圆形的巢，巢如足球般大小。有时，松鼠直接把树洞作为巢穴。在食物丰富的秋季，松鼠还会在地上挖洞，把采集到的食物储存在洞穴中，并用泥土或树叶将“食物巢”塞满并遮盖住。

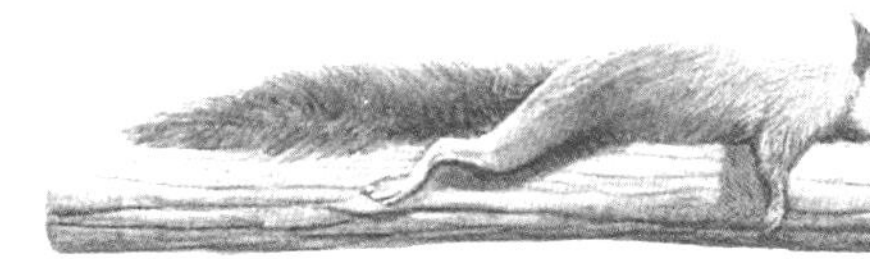
北方松鼠生活面面观

松鼠的巢

树枝巢

树洞巢

松鼠喜欢在树上跑动、跳跃。利爪能牢牢地抓住树干，使身体能在树上活动自如，而不致掉落地面。在被貂等敌害追赶时，松鼠还能从很高的树上跳下，安稳地落地，借机逃生。

花鼠筑巢

花鼠大部分时间都在地面上活动，因此常在地面上掘洞为巢。它们通常在岩石或倒木下掘洞，且掘洞行为终生不止。花鼠的巢与鼹鼠的巢一样纵横交错，巢中有主巢、储藏室及许多通道。

花鼠主要在地面上活动。

老鹰是花鼠的天敌之一。花鼠一旦发现远处的老鹰，就会马上把消息告诉同伴，而后逃进自己的地下巢穴。

花鼠御敌

花鼠的天敌很多，如老鹰、狐狸、蛇等。花鼠在发现天敌时，会发出哨音般的声音通知同伴。如果敌害靠近，花鼠会逃进地下巢穴，因而能避开很多敌害。但是，蛇能钻入花鼠的地洞中，因而成为花鼠最危险的天敌。

花鼠的地下巢穴

草原犬鼠是一种小型的啮齿类动物，主要分布在北美洲的大草原上。草原犬鼠喜欢过群居生活，通常由1只雄鼠、几只雌鼠及其幼仔共同组成一个小群体。群体间能通过特殊的叫声传递信息。它们不仅善于掘土挖洞，还善于跑跳，不贮存食物，有冬眠的习性。

草原犬鼠吃草的姿势与松鼠吃松果的姿势非常像。

在草原上，草原犬鼠要时刻提防各种鹰类的猎食。

素食还是肉食

虽然名称中带有“犬”字，但草原犬鼠却以素食为主，偶尔食小虫。野生的草原犬鼠以草原上的植物为食，人工饲养的种类常以蔬菜、苜蓿草、莴苣、苹果、豌豆、玉米等为食。北美草原犬鼠是草原食物链中的重要组成部分，它们吃植物，同时又为其他肉食动物提供食物来源。

草原犬鼠生活面面观

家族中的“哨兵”在洞口平台上站岗放哨。

遇到危险时，群体迅速逃入洞中避险。

草原犬鼠的洞穴生活

主巢室用于冬眠、育幼。

站岗放哨

草原犬鼠在土中打洞筑巢，巢穴的入口处往往有一块高隆起的“平台”。这个“平台”既可有效地防雨，又可做观望台。草原犬鼠的警惕性非常高，每次成群出洞时，总有一只负责在“平台”上站岗放哨，一旦发现危险，“哨兵”会立即发出警报。

为冬眠做准备

草原犬鼠没有存储食物的颊囊，它们通常在食物丰富的夏季大量进食，然后在体内贮存大量的脂肪。等到寒冷、食物不足的冬季，草原犬鼠就会采集干草，做好温暖干燥的窝，准备进入冬眠。

草原犬鼠的食物

草原犬鼠矮矮胖胖的，在食物丰富的季节大量进食，为冬眠期蓄积脂肪。

草原犬鼠主要以植物为食。

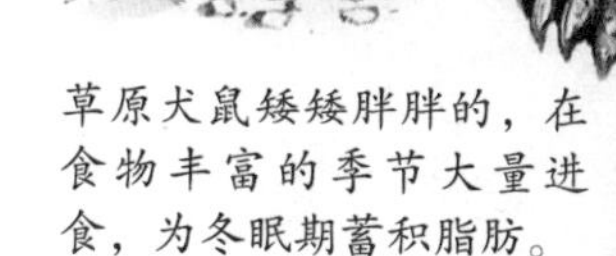

语言天赋

北美草原犬鼠非常富有语言天赋，群体之间常常通过叫声来传递信息，而且信息的内容比较多样化。经研究发现，草原犬鼠可以用不同的叫声识别不同类型的捕猎者，如人类、鹰类、北美狼与猎狗。而且，它们还能区别不同的人。

草原犬鼠在洞口观望周围是否有险情。

家鼠：人类的坏邻居

家鼠是与人类关系最密切的啮齿类动物，它们多栖息在阴暗的角落，在人类不注意的时候肆意啃咬粮食、家具，还能传播鼠疫、狂犬病等病毒。俗话说“老鼠过街，人人喊打”，家鼠这个邻居的确不受人类欢迎。

家鼠喜欢啃咬的食物

家鼠大家族

家鼠是啮齿目鼠科大家鼠属和小家鼠属中的一些种类的通称。大家鼠属约100种，它们体形较大，尾巴通常比躯体略长一些，体毛稀疏，背部为黑灰色、灰色或褐色，后足相对较长。小家鼠属约36种，体形较小，一般体长6～9.5厘米。

处处为家

家鼠是一种世界性的害鼠，它们对栖息环境的适应能力非常强，在住房、仓库、车、船等隐蔽的地方都可以生存。家鼠通常在夜间活动，避开人类的视线，啃食谷物、蔬果等，甚至咬食鱼、鸡和鸭等，以及许多它们的牙齿能够啃咬的东西。

家鼠的繁殖速度快，数量庞大，如果不适时地人为灭鼠，那么家鼠对于人类生活的危害将不堪设想。

喜欢搞破坏

尖利的门牙为家鼠搞破坏提供了便利。家鼠不仅盗食粮食，还能咬坏家具、用品，甚至能咬坏电线造成停电和火灾。在家鼠种群中，褐家鼠和黑家鼠对人类的危害最大。其中，褐家鼠常常咬死家禽和家畜的幼仔，有时还能咬伤、咬死婴儿。

褐家鼠

未来的害鼠

白鼠是家鼠的变种，主要用于科学研究实验。

可怕的鼠疫

鼠疫是一种非常可怕的传染病，曾经在世界范围内流行，因鼠疫而死的人早已过亿。人间鼠疫大多是由野鼠传给家鼠，再由家鼠传染给人而引起的。褐家鼠和黑家鼠都是人间鼠疫的重要传染源。

仓鼠：可爱小宠

仓鼠觅食归来，把颊囊里的食物吐出，储存起来。

仓鼠与家鼠虽同属于啮齿类动物，但却比家鼠在外形上和习性上都要可爱得多。仓鼠身体肥圆，毛色鲜亮，生性活泼机警，睡觉时喜欢蜷成一个球，所以通常被人们当作宠物来饲养。

神奇的颊囊

仓鼠沿颌的皮肤疏松，有褶皱，被称为颊囊。仓鼠喜欢把食物藏在颊囊里，等到达安全的地方再吐出来。当颊囊里塞满食物时，仓鼠的脸会变得圆鼓鼓的，非常可爱。有时，当雌仓鼠发现危险时，还会把小仓鼠塞到颊囊里保护起来。

花生、栗子等坚果都是仓鼠最爱吃的食物。

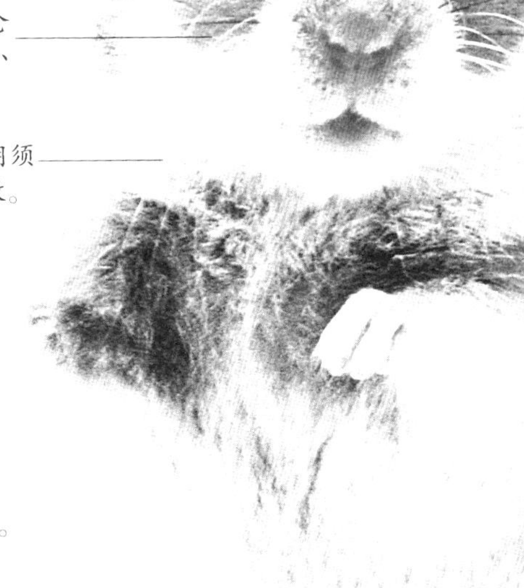

小巧玲珑的仓鼠

储藏食物

仓鼠是一种杂食性动物，主要以杂草的种子为食，偶尔也吃小虫。仓鼠最爱吃花生、瓜子、谷粒和松仁这类的种子食物，常常一边搜集，一边塞到颊囊里。有时，这些食物会一直储存在颊囊里，直到被慢慢吃掉或腐烂掉。

仓鼠喜欢储藏食物。

日休夜行

仓鼠是一种夜行性动物，日间里休息睡觉，夜间外出活动。这是因为仓鼠主要分布在欧洲和中亚干旱地区，栖息在洞穴中，日间闭门休息可以使仓鼠避开一些野兽的猎食。夜间，许多野兽进入了休息状态，仓鼠才开始外出活动、觅食。

圆圆的身体看起来非常可爱。

长长的胡须是仓鼠觅食时的探路工具。

别看仓鼠的眼睛又大又圆，实际上视力非常差。

分布在欧洲地区的仓鼠会游泳，游泳时鼓起颊囊，能获得不少浮力。

胡须探路

仓鼠的眼睛看起来又大又圆，实际上视力却很差，只能模糊地辨识物体的形状和黑白颜色。仓鼠活动觅食时，主要依靠灵敏的触觉和听觉。而仓鼠那长长的胡须才是最主要的探路工具。

旅鼠：勇敢的旅行家

旅鼠是啮齿类动物家族中勇敢无畏的旅行家。它们常年居住在寒冷的北极地区，每到一定时期就会成群结队地快速迁徙，而且不断有新成员加入迁徙队伍。速度慢的队员一旦落后就会面临生命危险。

在食物丰富的季节，旅鼠会大量繁殖，种群数量急剧增长。

冬季，旅鼠在积雪下挖洞栖息。

旅鼠大繁殖

在食物丰富的季节，旅鼠会大量繁殖后代。一只雌旅鼠一次可以生20只幼鼠，而幼鼠出生后20多天就具有了生育能力。如此算来，一只雌旅鼠一年之内就能繁衍出一个超级庞大的家族。为了弥补繁殖所消耗的能量，旅鼠会大量进食。

家族烦恼

当旅鼠家族庞大起来时，旅鼠的烦恼也随之而来。几乎所有的旅鼠会突然间变得焦躁不安，它们停止进食，吵吵嚷嚷，甚至在面对天敌时表现得无所畏惧，有时甚至主动进攻。此时，旅鼠的肤色会由灰黑色变成醒目的橘红色。

雪鸮是旅鼠的一大天敌。旅鼠数量的降低，会直接危及雪鸮的生存。

由于大量繁殖，旅鼠会难免面临食物匮乏的难题。于是，有学者认为，旅鼠集体自杀是为了缓解食物短缺这一难题。

集体自杀

变色不久，旅鼠开始聚集成群，而后朝着一个目的地迁徙。期间，旅鼠往往日间休整进食，夜间摸黑前进，沿途不断有新队员加入。旅鼠队伍浩浩荡荡，始终沿着一个方向奋勇前进，一直奔到大海，纷纷跳海，直到全军覆没。

旅鼠的食物

分布在加拿大极寒地区的旅鼠

旅鼠组成一只庞大的迁徙队伍，浩浩荡荡，奔赴“死亡之约”。

睡鼠：将睡觉进行到底

睡鼠非常贪睡，它们把一年中至少半年的时间用来冬眠。睡鼠能睡，也能吃，在冬眠前，睡鼠会大量进食储存脂肪，以供漫长的冬眠所需。

睡鼠和它的食物

日常生活

在非冬眠期，睡鼠生活在树林中，在树上筑巢。白天它们照样呼呼大睡，夜间外出活动。睡鼠非常擅长爬树，喜欢在树上跳跃，寻找美食——浆果。夏天，睡鼠最爱食用浆果。到了秋天，睡鼠则主食坚果和植物的种子。

睡鼠喜欢夜间活动，在树上攀爬、跳跃，采食浆果。

准备冬眠

在冬眠期到来之前，睡鼠会尽可能地大量进食，以储存脂肪过冬。同时，睡鼠会搜集树叶和杂草，在树根之间、岩石缝中或灌木丛中等隐蔽的角落，盖一个温暖舒适的窝。进入冬眠期时，睡鼠的体重会减轻近一半，体温随之下降，呼吸也会变慢。

一旦进入冬眠，睡鼠就会长睡不醒。

叫不醒的睡鼠

冬眠时，睡鼠不吃不喝，全身蜷成一团，呼呼大睡。睡鼠算是哺乳家族里最名副其实的瞌睡虫了，在冬眠期，外界的任何声响都不能使睡鼠醒过来，甚至于你把睡鼠当成球一样地滚来滚去，也弄不醒它。

大大的耳朵易于捕捉声音。

指爪能牢牢地抓住树干，便于榛睡鼠在树上活动。

榛睡鼠

榛睡鼠

榛睡鼠主要分布在欧洲、地中海和远东地区，它们浑身披着金棕色的毛，长着毛茸茸的长尾巴。榛睡鼠平时主要以榛子、黑莓、接骨木莓以及其他行道树的果实为食，最爱吃的是榛子，冬眠期过后喜欢吃植物的花和嫩芽。

毛茸茸的长尾巴能使榛睡鼠在活动时保持身体的平衡。

跳鼠：沙漠精灵

顾名思义，跳鼠非常善于跳跃，外形有些像迷你的袋鼠。在亚、非、欧三大洲的干旱与半干旱地区，跳鼠就像一个个跳跃的沙漠精灵。不过，跳鼠很少在白天外出活动。所以，跳鼠难得一见。

跳鼠生活面面观

奇特的形貌

跳鼠生活在温带荒漠和草原地区，自然长有适于荒漠和草原生活的形貌。跳鼠体形中等偏小，头大，眼大，触须长，感觉敏锐；毛色多为沙土黄或沙灰色，与环境色非常接近，不易被猎食者发现；前肢长有尖利的爪，能快速挖洞；后肢明显地比前肢长，善于跳跃。

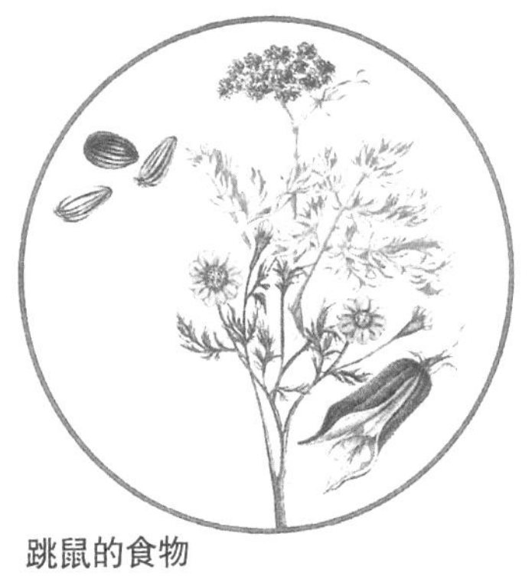

跳鼠的食物

跳鼠种群中的明星——非洲跳鼠

跳鼠善于跳跃，通常一跳1米多远。

沙漠小精灵

跳鼠活跃在沙漠地区，善于跳跃，一跳就有1米多远。遇到危险时，它们不仅能跳跃逃生，还能通过甩尾在跳跃中突然转弯，改变前进方向，躲避强敌。夜晚，如果有光扫过荒漠地区，人们会常常看见一只只小跳鼠灵巧跳跃的身影。

西伯利亚五趾跳鼠是掘洞行家，它的洞穴内洞道几乎水平走向，不仅设有主巢室，还设有贮藏室。

亚洲三趾跳鼠在6月份植物生长繁茂、食物丰盛时期比较活跃，进食水分含量多的草叶，储存水分。

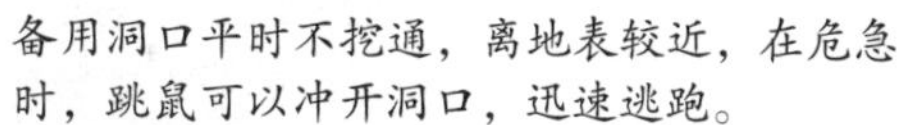

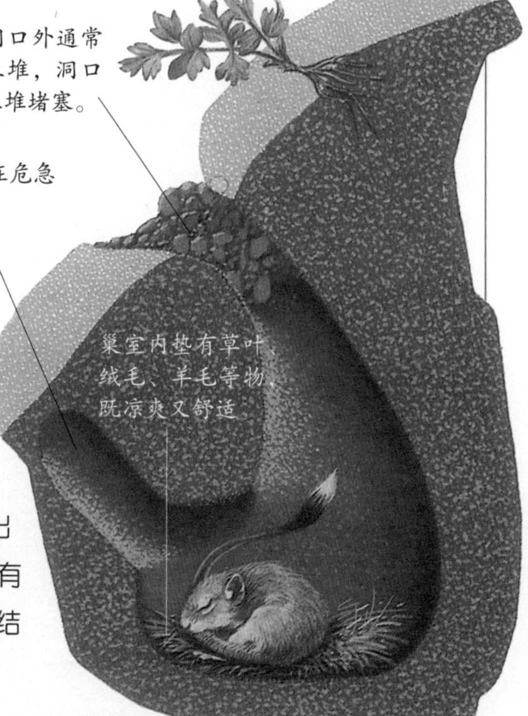

掘洞生活

跳鼠通常栖息在地形平缓的沙丘和平坦草原上，外出活动时也喜欢掘洞，以便遇险时藏身用或临时过夜用。跳鼠的洞穴通常筑在坚实的土质中，洞口可分为掘进洞口、进出洞口和备用洞口。洞内凉爽，主巢内垫有草叶、绒毛、羊毛等物。冬眠时的洞穴结构与栖息的洞穴结构相似。

河狸：水利工程师

河狸是杰出的水利工程师，它们能用树枝、泥巴等在水中堆建非常考究的堤坝，而且乐此不疲。有些河狸建造的堤坝非常坚固，人们甚至可以骑着马在堤坝上面走。

河狸在地面上行动比较迟缓。

河狸宽大扁平的尾巴上面覆盖着角质鳞片。

水上筑坝

河狸往往在池塘、河湖或沼泽等水域中筑坝，给自己营造一个安全舒适的栖息环境。树枝、石块和泥巴都是河狸筑坝的材料。筑坝时，河狸通常先用前肢将较为粗硬的枝干插入河底，接着在枝干上堆压泥土和杂草，然后将树枝盖在上面，建造坚固的堤坝。

从水中到地上

平时，河狸喜欢在自己筑造的水上乐园中游泳、潜水。夜晚，河狸在确定没有危险后，才会到陆地上活动。由于尾巴的妨碍，河狸在陆地上行动迟缓。一旦遇到敌人，河狸会急速潜入水中逃生。

河狸善于筑坝，是啮齿类动物中赫赫有名的水利工程师。

河狸的水上家园

正在进食的河狸

尾巴的妙用

河狸的尾巴较为宽大，而且扁平，上面覆盖着角质鳞片，鳞片间还长有少许短毛。这种奇特的尾巴是河狸在水中活动的重要工具。河狸在游水时，尾巴会像舵一样，调控着河狸游动的方向。一旦受到惊吓或遭遇危险时，河狸还可以用尾巴大力拍打水面，警告同类。

一旦遇到敌人，河狸会急速潜入水中逃生。

河狸的脚上长着蹼，非常适于在水中游动。

为越冬做准备

河狸长着坚硬的下颚和尖利的门牙，能咬断硬树。鲜嫩的树皮、树枝和芦苇都是河狸的主食。河狸不冬眠，为了越冬，它们在冬季来临之前就大量啃咬大树，储备冬粮。它们通常把树枝运到洞口附近的水底储藏起来，先用石堆将树枝压好，再用泥土封死。

兔子：蹦蹦跳跳真可爱

耳朵长，呈喇叭状，能敏锐地捕捉声音信息。

兔子，是兔类哺乳动物的统称。兔子体形较小，大多都长着长长的耳朵、三瓣嘴和短小的尾巴，看起来娇小可爱。兔子时刻保持着高度的警惕性，一旦发现危险便立即飞速逃跑。

灰兔

鼻子形似裂状，能嗅到附近敌人的气味。

兔子爱打洞

大多数兔子都会打洞，而且洞窟不止一个。它们打洞筑巢，既是为了生育和休息，也是为了躲避敌害的攻击。由于种类不同，兔子的洞穴类型也会有所差异，土质的松软、沙化或坚硬程度也影响着洞穴的形状和规模。

兔子的繁殖速度非常惊人，一只雌兔一年可以生产数次。

快速繁殖

兔子的繁殖速度非常快，一只雌兔怀孕30天后可以生小兔5～10只，一只小雌兔长到8个月大时就可以生小兔了。一只雌兔一年可以生产数次。

琉球兔是兔类家族中的打洞高手，通常在活动范围内掘数个洞穴，以备各种生活所需。

可爱的家兔

边吃边观望

大多数兔子习惯在黎明、黄昏或夜间外出觅食草、嫩根和其他一些植物。它们具有极高的警惕性，即使在昏暗中觅食，也能一直用灵敏的感官探察周围环境。它们在吃食的时候，也能发现正在靠近的敌人，并迅速找出逃跑的路线，以便及时地避开危险。

白兔的眼睛是透明的，因为眼睛里的血丝反射了外界光线，所以透明的眼睛就呈现出红色。

野兔主要以植物为食，从食物中获取足够的水分。

喝水不喝水

兔子没有汗腺，所以不会流汗，长耳朵可以散热，排尿机制属于浓缩性，所以兔子对水分的需求比其他动物要少。有些野兔只需从植物中摄取水分就能满足自身需要，所以兔子很少到河边喝水。但是，兔子是需要喝水的，只是饮水量偏少而已。

知名兔类：兔子中的明星

兔类哺乳动物约有50种，广泛分布在荒漠、荒漠草原、干草原和森林等地带。它们基本都在陆地上活动，善于跳跃。其中，穴兔、欧洲野兔、跳兔、黑尾兔、鼠兔和雪兔都是兔类家族的大明星哦！

家兔体小力弱，野外生存能力远不如野兔。

穴兔

穴兔主要分布在欧洲地区，栖息在草原、田地、森林等多种地带的洞穴中，以草和庄稼为食，对农业种植有一定的危害。它们白天一般在洞里休息，夜间到地面上寻找食物。如果穴兔感到危险，便会用后腿使劲地刨打地面，警告同伴。

穴兔的洞穴结构非常复杂，洞内有主巢室、藏身室、紧急出入口以及纵横交错的通道。

雪兔

欧洲野兔在夜间外出觅食时会遭遇狐狸的猎食，只有快速奔逃，才能逃离危险。

欧洲野兔

欧洲野兔一般栖息在草原、疏树草原等开阔地带。它们一般在黎明或黄昏时分单独外出觅食。欧洲野兔没有地洞，只能靠快速奔跑来躲避危险，奔跑时最高时速可达50千米。雌兔会在浅而隐蔽的兔窝里产仔，小野兔出生后几小时就能奔跑。

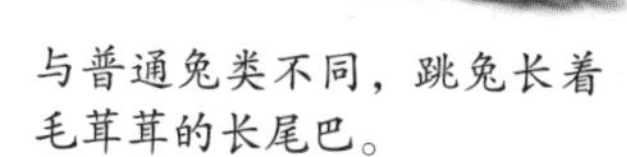

与普通兔类不同，跳兔长着毛茸茸的长尾巴。

跳兔

跳兔生活在非洲南部的干草原和荒漠中。它们用发达的后肢跳跃，一般能跳起2米左右。跳兔通常白天住在挖掘好的洞穴或隧道里，夜间外出活动，天亮之前一定会回到洞穴中。它们主要以植物的根茎为食，摄食时用前爪将根茎从地下挖掘出来。

不论夜间觅食战果如何，跳兔在天亮之前一定会返回洞穴中。

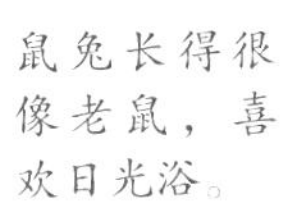

鼠兔长得很像老鼠，喜欢日光浴。

雪兔的耳朵比家兔短，这是因为在寒冷的地带不仅不需要布满毛细血管的大耳朵来散热，而且要常常将耳朵紧紧地贴在背上，以保存热量。

雪兔的毛色会随着季节的变化而变化，这样有利于自我防卫。

北极狼是雪兔强劲的天敌之一。

美洲雪兔

美洲雪兔主要分布在北极附近，毛色会随季节而变化。冬季，除了耳尖变为黑色外，美洲雪兔全身会变得雪白，能与雪地相融，从而避开北极狼、雪鸮等动物的捕食；春天冰雪融化时，毛色就开始变为棕色；夏季，全身皆为棕色；秋季，毛色开始变白，直到冬季全身又变成雪白。

第五章

海洋哺乳动物

●●在海洋中活跃着一大批哺乳动物，它们像陆地上的大多数哺乳动物一样，能够保持恒定的体温，用乳汁哺育后代，不过它们的四肢已经演化成适于水中生活的鳍肢。海洋哺乳动物主要包括鲸目、鳍足目和海牛目。其中，鲸目一直生活在水中，如蓝鲸、虎鲸、海豚等；鳍足目则大多需要上岸交配、产仔，如海豹、海狮、海象等。

鲸类：会移动的“喷泉”

鲸目包括鲸和海豚，是生活在海洋中的哺乳动物。有的鲸体形庞大，体长可以达到30多米，是动物界的“巨人”。鲸都有圆滑的流线型身体和扁平尾巴。它们的鼻孔长在头顶上，能喷出壮观的水柱，就像一座会移动的“喷泉”。

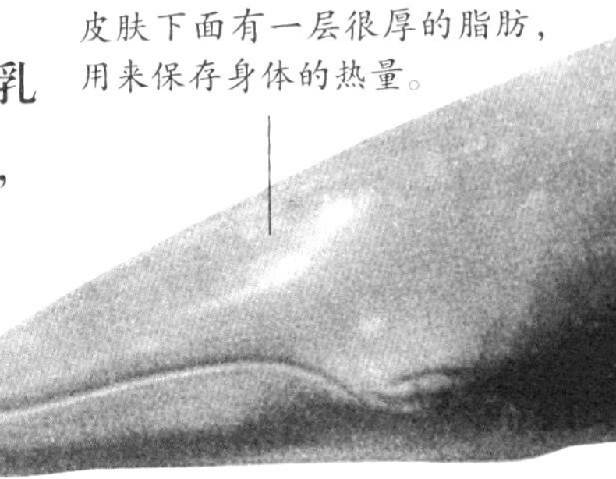

鲸的身体结构

巧用浮力

陆地动物靠骨骼支撑身体，而鲸则是靠水的浮力来支撑身体。鲸的骨骼与鱼类相似，呈流线型，从头至尾逐渐变细。它的背脊骨能支撑起强壮的尾部肌肉，尾部肌肉的运动能推动鲸向前；前肢像鱼鳍一样，能够控制前进方向。

鲸有1～2个外鼻孔，位于头顶，俗称喷气孔。

壮观的鲸喷潮

鲸的鼻孔直接长在头顶上。当它们的头部露出水面呼吸时，呼出气水混合物，再吸入新鲜空气。强烈的水气向上直升，并把周围的海水也一起卷出海面，于是蓝色的海面上便出现了一股蔚为壮观的水柱。这就是“鲸喷潮”。

鲸大约是6500万年前，从有蹄类动物进化而来的。

齿鲸和须鲸

鲸分须鲸和齿鲸两种。须鲸以磷虾为食，它们没有牙齿，但有角质材料构成的三角形薄片，即鲸须，鲸须帮助须鲸过滤掉不能消化的大动物；齿鲸比须鲸小，常主动出击，捕食鱼和软体动物等海洋生物。有些齿鲸甚至猎食同类。

座头鲸

海豚口中具有圆锥状的牙齿，属于齿鲸。

鲸妈妈的生育过程

雌鲸通常一次只怀一胎，幼鲸直接出生在水里，靠妈妈的乳汁哺育成长。幼鲸出生后，雌鲸会立即将它们推送到水面上，让它们呼吸空气。这个时刻相当危险，因为雌鲸必须小心提防肉食性鱼类的进攻。

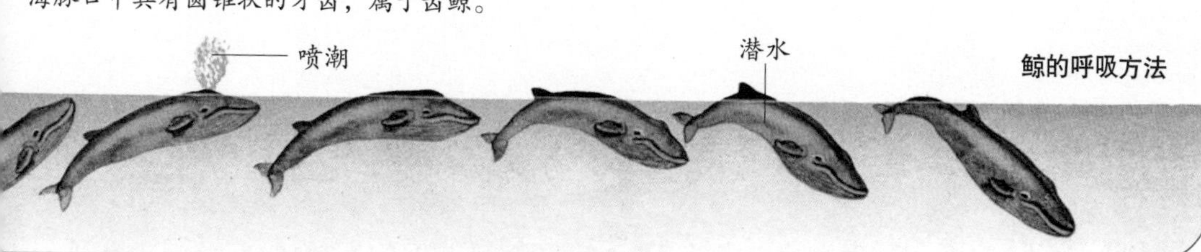

鲸的呼吸方法

群鲸嬉戏

许多鲸喜欢戏耍海草、卵石以及海中的其他物体，把这些物体顶在嘴边或平放在胸鳍肢之间。幼鲸在成长过程中学习嬉戏的本领，成年后能够通过嬉戏与同伴进行沟通，强化它们的社会关系。有些鲸在嬉戏时少则三五成群，多则成百上千。

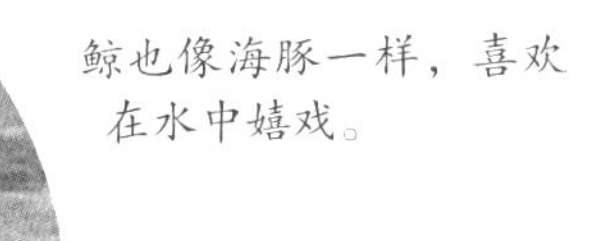

鲸也像海豚一样，喜欢在水中嬉戏。

下潜时，头向下，俯冲下潜。

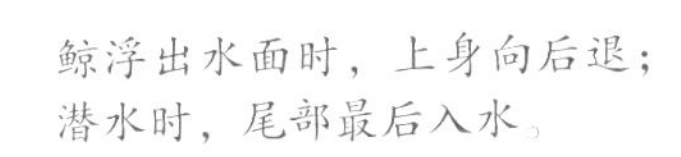

鲸浮出水面时，上身向后退；潜水时，尾部最后入水。

准备下潜时，部分肺部充满空气。

尾部可以上下摆动。

潜水本领大

鲸具有潜水的本领，能通过潜水搜寻食物。鲸在准备下潜时，先使肺部充满空气，如果全部充满，身体受到的浮力会加大，对潜水不利。下潜时，鲸的心跳即刻减慢，血液流向大脑和肌肉，以减少身体对氧气的消耗，所以鲸能在一定的深水处潜水很久。

回声定位捕食忙

大多数鲸都能借助声音构建周围环境的“图像”，也就是“回声定位”。鲸发出的声音碰到物体后会弹回，鲸通过回声的变化，感觉物体的形状和位置。在深海中，水下几乎没有光线，因此大多数鲸都利用回声定位四处活动，捕食成群的鱼类或枪乌贼等。

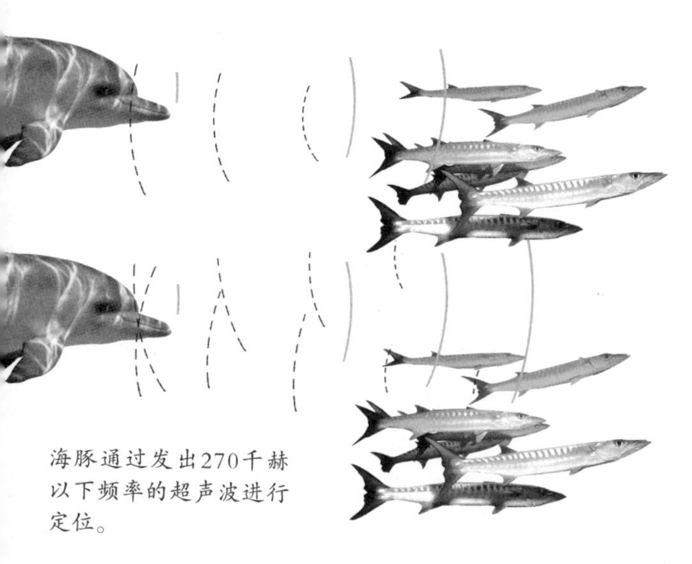

海豚通过发出270千赫以下频率的超声波进行定位。

鲸鱼搁浅为哪般

每年，世界各地会发现几百头甚至上千头鲸在海岸边搁浅。科学家曾研究过鲸的搁浅现象，有人认为，地磁的变化使鲸的航向发生问题，因而导致鲸的搁浅；也有人认为，搁浅是鲸集体自杀行为的表现。事实上，鲸的搁浅现象与鲸的种类、搁浅地点和其他许多因素都密切相关。

搁浅在海边的鲸群

环境污染也曾被认为是造成鲸搁浅的原因，因为那些污染海水的化学物质可能会扰乱鲸的感觉。

背部呈深苍灰蓝色。

蓝鲸：海洋“巨无霸”

蓝鲸是海洋哺乳动物中的“巨无霸”，体长可达33米，重量可达177吨。虽然体形巨大，但是蓝鲸在水中照样沉浮自如。蓝鲸喜欢生活在水温5～20℃的温带和寒带冷水域，在南极海域数量最多。

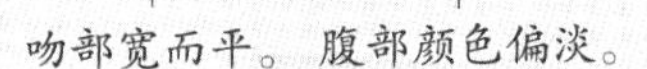

吻部宽而平。腹部颜色偏淡。与庞大的身体相比，鳍肢显得分外小。

蓝鲸

蓝鲸在潜水之前总是将尾部露出水面。

蓝鲸外表就像一个淡蓝色或鼠灰色的庞然大物，呈长椎状。蓝鲸的头相对较小且扁平，吻宽，口大，嘴里没有牙齿，上颌宽，向上凸起呈弧形，生有黑色的须板。据估计，蓝鲸的舌头上能站50个人，心脏像小汽车一样大。

蓝鲸与其他鲸类的体长比较

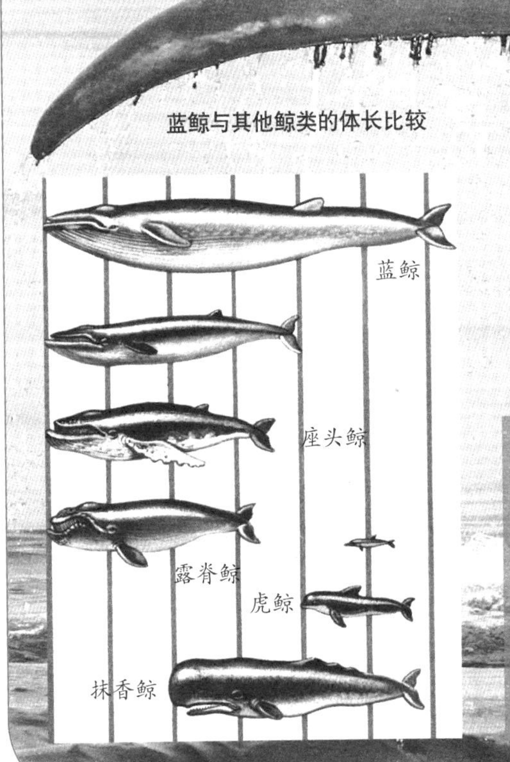

世界上最大的幼兽

蓝鲸通常在冬季繁殖，雌蓝鲸一般每2～3年生育一次，每胎只产1只幼鲸。幼鲸刚出生时就长达6～8米，体重约为6000千克，比一头成年象还要重。幼鲸的生长速度很快，体重每24小时增加90千克。

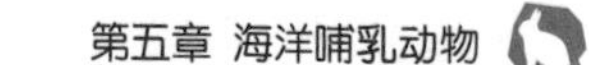

尾部宽度约为体长的三分之一。

背鳍大概位于体长的四分之三处，特别小，形状因个体而不同。

蓝鲸发声，可能是为了与同伴进行沟通。

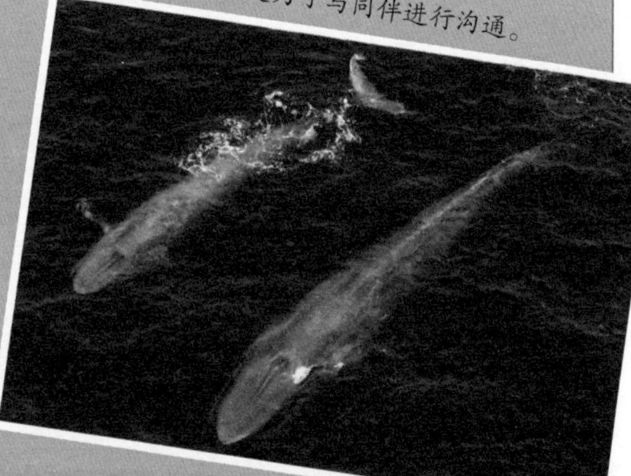

震耳欲聋的声音

蓝鲸体形庞大，声音也很大。据学者多年研究推算，所有的蓝鲸种群发声的基频在10～40赫兹，而人耳能够察觉的最低频率是20赫兹。蓝鲸的声音持续时间为10～30秒。

最爱吃磷虾

磷虾是蓝鲸最爱的食物。蓝鲸每天大部分时间都张着大口，在稠密的浮游生物丛中游动，嘴巴上的鲸须像筛子一样滤食磷虾和小鱼。蓝鲸胃口极大，一次可以吞食磷虾200万只，每天要吃掉4000～8000千克食物。

蓝鲸不仅喜欢吃虾，还喜欢吃水母

抹香鲸：大头棒槌

抹香鲸（下）已经被列为濒危动物。

抹香鲸是一种巨头鲸，头部几乎占据身长的三分之一，看起来就像一个大头棒槌。抹香鲸是海里最大的齿鲸，小而窄的下颌上面长满了尖利的牙齿，这些牙齿是抹香鲸捕食的重要工具。

捕食乌贼

抹香鲸性情凶猛，最爱捕食大王乌贼。大王乌贼体形十分巨大，其体长可达18米。抹香鲸为了猎食美味，常常潜入深海，与大王乌贼进行殊死搏斗，从深海打到浅海。双方在搏斗激烈时会一起跃出水面，水花四溅。

抹香鲸的食物

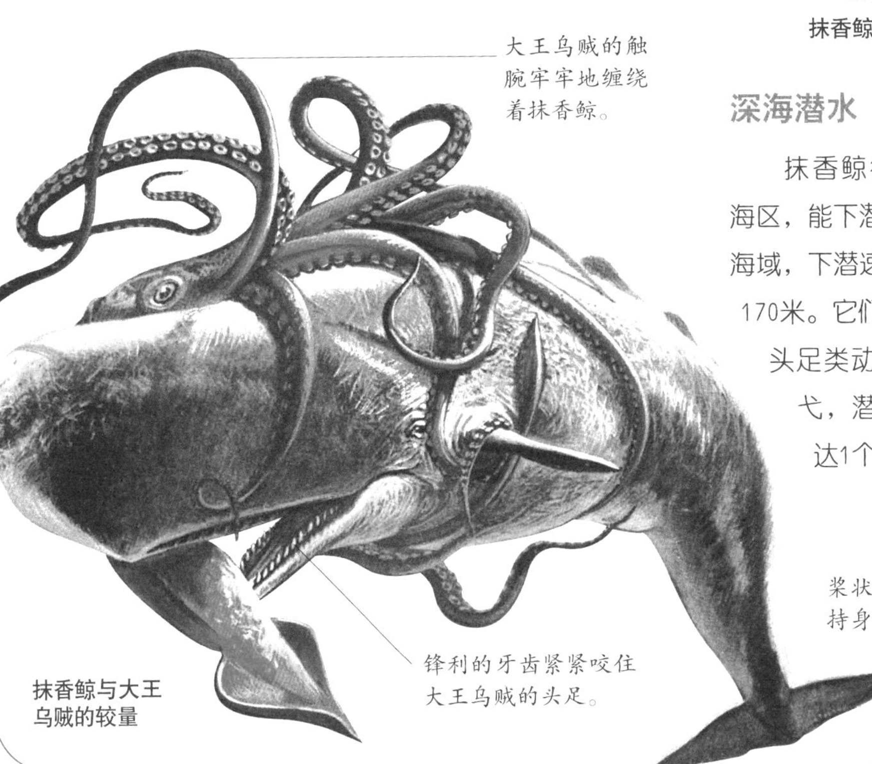

大王乌贼的触腕牢牢地缠绕着抹香鲸。

锋利的牙齿紧紧咬住大王乌贼的头足。

桨状的尾部有助于保持身体的平衡。

抹香鲸与大王乌贼的较量

深海潜水

抹香鲸往往栖身在深海区，能下潜到2000米深的海域，下潜速度可达每分钟170米。它们常常为了搜猎头足类动物在深海中游弋，潜水的时间可长达1个小时。

回声探测

抹香鲸借助回声定位本领，在深海区搜猎食物，巨大的额头便起着回声探测器的作用。抹香鲸额部的脂肪体好像声透镜一样，能将复杂的回声折射成灵敏且幅面宽广的超声波，传入内耳，抹香鲸便能根据反射回来的声波信号了解周围环境，判断目标的方位，以便及时采取行动。

头部几乎占身长的三分之一。

头部巨大的抹香鲸

眼睛非常小，视力偏差。

鳍肢较短小。

腹部为银灰色或白色。

抹香鲸的额头像声透镜一样，可以将复杂的回声折射成灵敏的超声波，传入内耳，传给大脑，使抹香鲸判断出猎物的方位。

独特龙涎香

抹香鲸的体内有一种被称为“龙涎香”的蜡状物。龙涎香本身无多大香味，但在燃烧时却芳香四溢，能发出一种类似麝香的香味，被调香师们视为珍品。“抹香鲸”因此而得名，但也因此遭到人类的捕杀，数量大减，现已被列为濒危动物。

座头鲸：潜水专家

座头鲸是鲸类中的“异类”，这是因为座头鲸的背部不像一般鲸类那样平直，而是向上弓起。座头鲸的潜水本领十分高强，姿态优美犹如专业的潜水运动员。

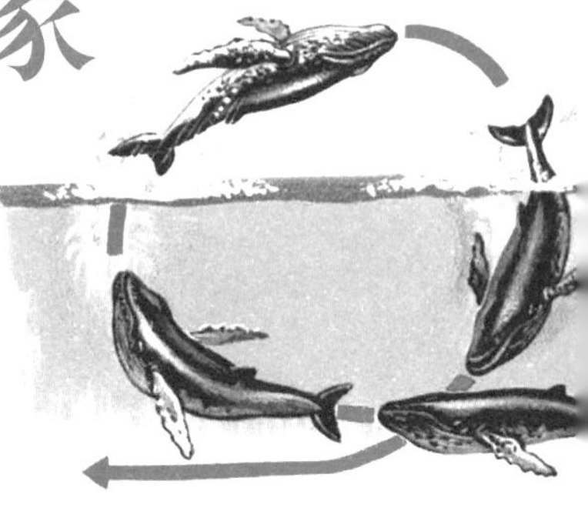

座头鲸的特技表演

温馨的家庭生活

座头鲸性情温驯，大多成对活动，实行“一夫一妻制”。雌鲸每两年生育一次，每胎生一只。在哺乳期间，雌鲸精心照顾幼鲸的生活，自己却长时间不进食。在一个典型的座头鲸家庭中，往往雌鲸温柔地呵护着幼鲸，雄鲸紧随在侧，护卫家庭的安全。

座头鲸嘴边长有不规则的瘤状突起，突起上还长有毛。

潜水行家

座头鲸是鲸类中的潜水行家，虽然体形庞大，但它们却能在几秒钟内快速地潜入水中。潜水时，座头鲸将尾部翘起，然后头部俯冲入水，体态十分优美。

水中特技

座头鲸

座头鲸喜欢在水中快速游动一段距离，而后头部突然跃出水面，身体缓慢垂直上升；等到鳍肢到达水面时，整个身体开始慢慢向后弯曲，好似在水中翻筋斗；等到整个鲸体完全露出水面后再俯冲入水，水花四溅。

放声高歌

座头鲸每年冬天都要回到暖和的海域进行繁殖，那时雄鲸会发出雷鸣般的低音和尖锐的高音，声音洪亮而且缓慢。据研究，座头鲸的歌声节奏分明，有一定的规律，不同地区的座头鲸虽然唱的歌不同，但是旋律一模一样。

座头鲸的食物

经研究发现，座头鲸中唱歌的都是雄鲸，雌鲸不唱歌。

雌鲸用乳汁喂养幼鲸，乳汁由乳头自动挤出，幼鲸在水中吸食。

虎鲸：冷血杀手

虎鲸是一种大型齿鲸，与抹香鲸一样性情凶猛，常常被称为“恶鲸”“逆戟鲸”，堪称海洋中的“冷血杀手”。不过，虎鲸数量不多，所以不会对海洋生物造成太大的危害，不会影响海洋生态的平衡。

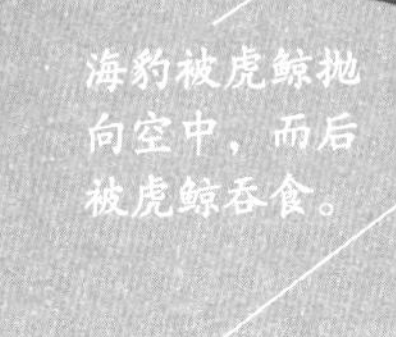

海豹被虎鲸抛向空中，而后被虎鲸吞食。

虎鲸嘴巴细长，长着锋利的牙齿。

集群生活

虎鲸喜欢群居生活，雌鲸和幼鲸常常结群一起生活，雄鲸则另外结成小的群体。虎鲸的群体之间相处和谐，关系紧密，常常一起捕食、旅行，相互依存。如果群体中有成员受伤，其他成员便会齐心协力地把受伤的伙伴推上水面，送到安全的地方。

虎鲸的食物

虎鲸出水

捕食特性

大多数虎鲸都栖息在浮冰边缘或者有浮冰的水道，有时腹部向上，浮在海面上装死，诱捕须鲸、企鹅和海豹等海洋动物。待猎物靠近时，虎鲸会马上翻身，张开长满尖锐牙齿的大嘴将猎物整个吞下。虎鲸群常常合力围攻鱼群，然后轮流钻入取食。在捕食大型猎物时，群体成员更需要协作来制伏猎物。

“语言大师”

虎鲸是鲸类中的“语言大师”，群体之间常常用不同的声音进行沟通，而且不同群体间音调也有所不同。最新的研究表明，虎鲸能发出62种不同的声音，而且不同的声音代表不同的含义。

虎鲸群围猎大型须鲸。

背鳍位于背部中央，像棘刺一样直立。

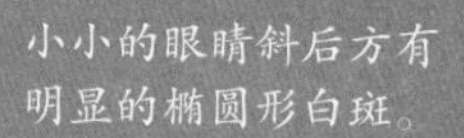

小小的眼睛斜后方有明显的椭圆形白斑。

背部呈黑色。

鳍肢宽阔，大致呈圆形。

腹部呈白色，白色区域自下颚往后延伸至肛门处。

虎鲸潜水

卵石擦身法

虎鲸常常游向卵石海滩附近，将腹部紧贴卵石堆，身体上下左右不停地翻滚，摩擦卵石，持续10～30分钟的时间，并不时地发出欢快而复杂的叫声。据研究分析，虎鲸是为了除去体表的污物和粗糙的表皮，而采取了卵石擦身法。

一角鲸和白鲸：极地幽灵

在寒冷的北极海域生活着两种神秘的动物，一种是一角鲸，被视为传说中独角兽的化身，闪着寒光的长“角”令人心生畏惧；一种是白鲸，像白色的幽灵一样，在海洋中浮现、变大、缩小而后消失。它们都是鲸类家族中一角鲸科的成员。

一角鲸被人们视为传说中独角兽的化身。

“独树一帜”

一角鲸喜欢过群居生活，常常是雌鲸、雄鲸和幼鲸集群活动，从数头到十几头不等，有时也有数百头集结在一起，进入海湾觅食、交尾、嬉戏。“独树一帜”的长“角”使一角鲸群非常显眼，犹如一支执戟队伍，在北极海域浩浩荡荡地行进。

一角鲸中只有雄鲸长有破唇而出的长牙。

长牙的较量

一角鲸的长“角”实际上不是角，而是牙，而且只有雄鲸才有破唇而出的长牙，雌鲸的牙始终隐于上颌之中。雄鲸的长牙可长达3米。雄鲸常常在水中或海面上用长牙互相较量，发出的声音好似两根长棍互击的声音。最强壮的雄鲸，通常也是长牙最长、最粗者，可以与较多的雌鲸交配。

年轻的雄一角鲸经常嬉戏打斗，但很少刺戳对方。

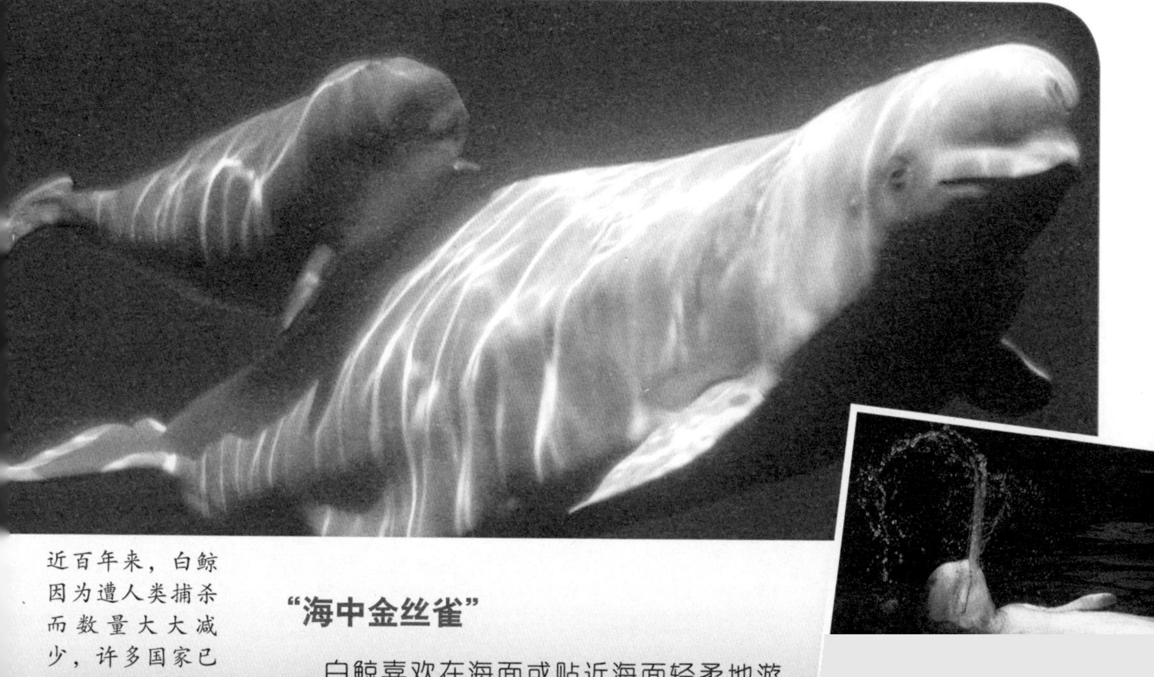

近百年来，白鲸因为遭人类捕杀而数量大大减少，许多国家已经明令禁止捕猎白鲸。

白鲸在水中载歌载舞。

“海中金丝雀”

白鲸喜欢在海面或贴近海面轻柔地游行，发出多种变化多端的声音，如旋转的颤音、嘎嘎声、似钟声、多变的滴答声、尖锐的啪啪声等，有时会发出如猫叫的声音或小鸟的啁啾声。这些声音美妙动听，响彻百里以外，因此人们称白鲸为“海中金丝雀”。

白鲸与人

白鲸性情温驯，容易与人接近，可以在人的驯导下表演节目，但也因此遭到人类的捕杀。自17世纪以来，捕鲸者疯狂地捕杀白鲸，致使白鲸数量锐减。渐趋恶劣的生态环境也使白鲸遭到了各种病毒的侵害。野生白鲸正面临着生存危机。

长牙是雄一角鲸身份的象征，也是雄鲸之间较量的武器。

白鲸

露脊鲸：戴“礼帽”的绅士

每当露脊鲸浮到海面上时，宽宽的背脊几乎有一半露在水面上，头上上颌的前端还戴着一顶特殊的椭圆形“礼帽”，那是由头部表皮异常增生而形成的角质瘤，在头上的角质瘤中就属这个最大。

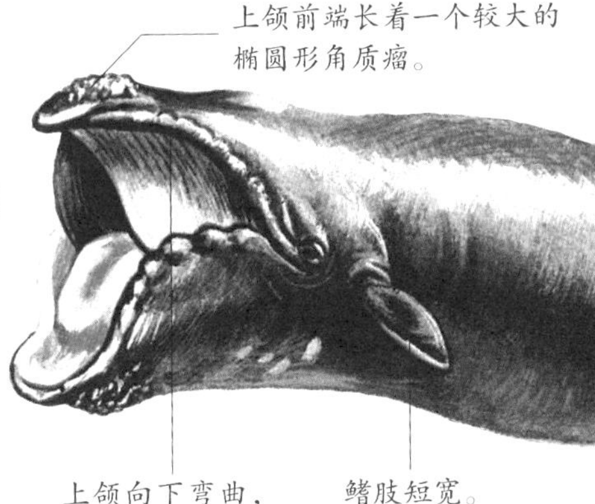

露脊鲸

幼鲸跟在雌鲸身边成长，一旦离开母鲸，便会面临生命危险。

小群体生活

露脊鲸比较喜欢单独行动或者三两头结群游泳。它们游泳时速度很慢，呼气时喷射出的水柱是双股的。露脊鲸的繁殖速度很慢，雌鲸长到5～10岁时才能怀第一胎，而且每3～4年才生育一次。雌鲸往往把幼鲸带在身边随时照顾。遇到危险时，一群露脊鲸会围成一圈，尾巴朝外，威慑敌人。

三大种类

露脊鲸科分布在北太平洋、北大西洋和南半球海洋中，根据分布区域不同而划分为北太平洋露脊鲸、北大西洋露脊鲸和南露脊鲸三种。它们的眼睛上面、喷气孔旁边、上颌前端都长有被称为“皮茧”的粗皮。

露脊鲸出水，露出宽宽的脊背。

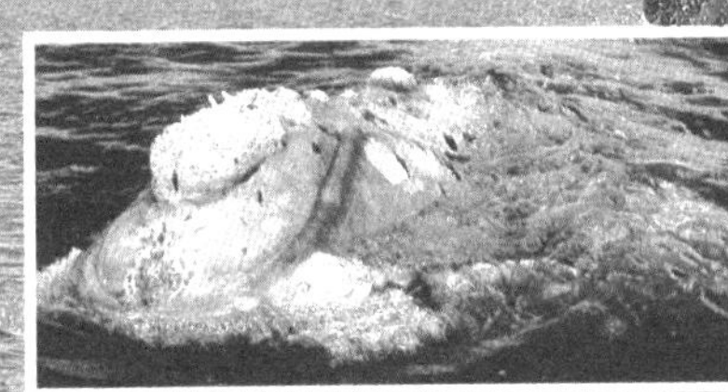
露脊鲸的头上长着明显的角质瘤，上面寄生着大量的鲸虱。

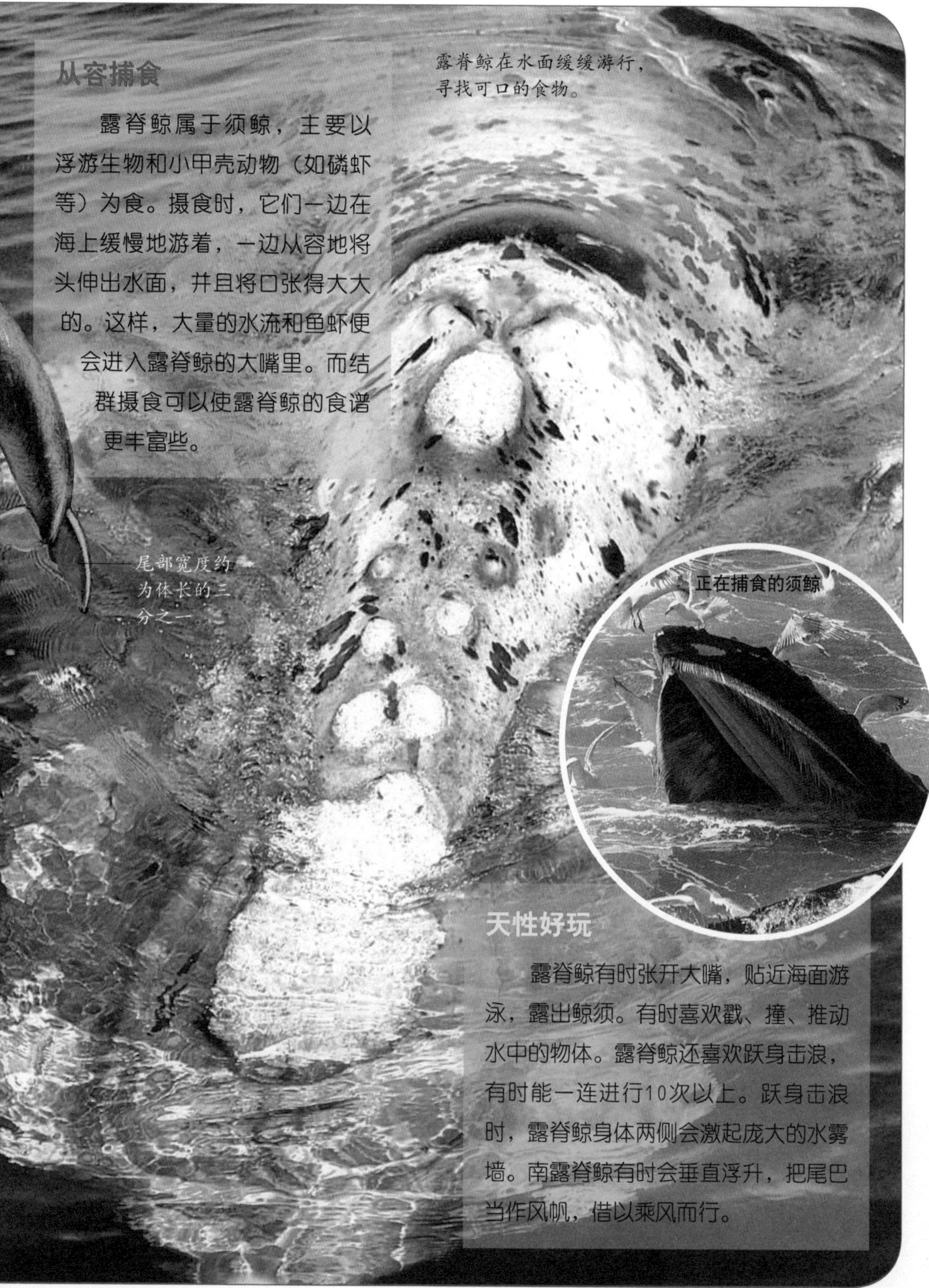

露脊鲸在水面缓缓游行，寻找可口的食物。

正在捕食的须鲸

从容捕食

露脊鲸属于须鲸，主要以浮游生物和小甲壳动物（如磷虾等）为食。摄食时，它们一边在海上缓慢地游着，一边从容地将头伸出水面，并且将口张得大大的。这样，大量的水流和鱼虾便会进入露脊鲸的大嘴里。而结群摄食可以使露脊鲸的食谱更丰富些。

天性好玩

露脊鲸有时张开大嘴，贴近海面游泳，露出鲸须。有时喜欢戳、撞、推动水中的物体。露脊鲸还喜欢跃身击浪，有时能一连进行10次以上。跃身击浪时，露脊鲸身体两侧会激起庞大的水雾墙。南露脊鲸有时会垂直浮升，把尾巴当作风帆，借以乘风而行。

灰鲸：沿岸游泳者

灰鲸全身多为灰色、暗灰色或蓝灰色，身上分布着许多白色斑点，非常容易辨识。灰鲸喜欢在近海水域或浅海湾活动，因而被称为“灰色的沿岸游泳者”。灰鲸曾遭到人类的大量捕杀而数量骤减，早已被列为濒危动物。

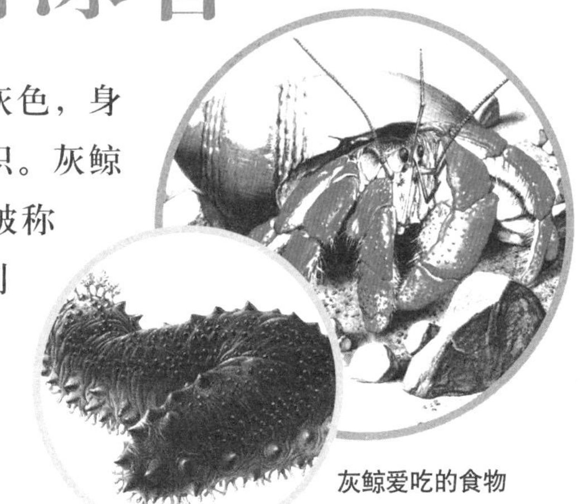
灰鲸爱吃的食物

两大种群

灰鲸主要分布在北太平洋海域，分为两大种群，一是亚洲种群，一是北美洲种群。[illegible]

种。灰鲸属于须鲸，以浮[illegible]

[illegible]

由于人类的大量捕杀，

据研究，发出“哼哼”声的灰鲸大多为没有找到配偶的个体。也许，这种声音所表达的正是对“失恋”的叹息或者不满。

季节旅行

灰鲸游泳的速度比较缓慢，但这并不影响它们的季节旅行。夏季，灰鲸在北极附近捕食、活动；冬季，它们游到墨西哥和美国的加利福尼亚附近的海域过冬、产仔。灰鲸旅行的路线基本上沿着北美洲大陆，从白令海峡到阿拉斯加，途经哥伦比亚、华盛顿、俄勒冈州，沿着海岸线最终到达加利福尼亚，然后再返回。

侧向摄食

灰鲸的摄食方式很特别，它们一般会向身体右侧滚动，从海床吸食甲壳动物的沉淀物，然后借着舌头将水与淤泥用鲸须滤出。因此，灰鲸头部的右侧较容易刮伤并留下疤痕，右边的鲸须比左边的短，而且磨损得比较厉害。

“哼哼”[illegible]

一些灰鲸常发出一种“哼哼”声。无论何时何地，它们每小时都能发声50次左右，且每次历时2秒钟，声音的频率范围为20～200赫兹，强度可达160分贝，很像叹息或嘟囔。最近的研究发现，发出这种声音的个体多数为没有找到配偶的个体。

灰鲸右侧的鲸须磨损得比左侧的厉害，这是由灰鲸特殊的摄食方式造成的。

海豚：海洋歌唱家

海豚是一种
的海洋动物。如果
间接触，你就有机会听到海豚美妙的歌声。许多歌唱家都擅长表演海豚音，这种声音虽然不如海豚的声音频率高，但是同样动听。

部这块巨大的脂肪组
能对振动产生的声
到“集束”作用。

发出声波

海豚依靠高超的回声定位本领捕食。

超声波

颌骨将声波信息传到中耳。

返回的声波，在空心下颌骨处被脂肪管接收到。

回声定位本领

海豚具有高超的回声定位本领。据调查显示，海豚使用频率在200～350千赫以上的超声波进行回声定位，来判断目标的远近、方位、形状，甚至物体的性质。人类所能听到的海豚叫声可能是海豚与同伴之间进行沟通所使用的部分低频的声音。

能歌善舞的海豚

发达的大脑

海豚的大脑平均重1.6千克，占体重的1.17%（人脑约占人体体重的2.1%），而且脑的沟回很多且复杂，外观也与人脑相似。从这些来看，海豚的大脑记忆容量和信息处理能力与灵长类动物不相上下。

终生“不”眠

海豚的大脑分为两部分。处于睡眠状态时，海豚的大脑两半球处于明显不同的两个状态：当一个大脑半球处在睡眠状态时，另一个却在工作；每隔十几分钟，两个大脑半球的活动方式就会变换一次。因此，人们称海豚为“不眠的动物”。

海豚是名副其实的游泳健将，每小时能游40千米。

海豚的大脑分为两部分，当一部分大脑处于睡眠状态时，另一部分处于工作状态。

前肢演变成适于水中生活的鳍肢。

特长多多

海豚是游泳健将，游速可达每小时40千米。它们常跃出水面，在水面上滑翔一小段距离，而后在水中快速游动，在游动时借助回声定位捕捉猎物。海豚喜欢嬉戏，能表演许多高难度的动作，如快速跃出水面、翻跟头等。

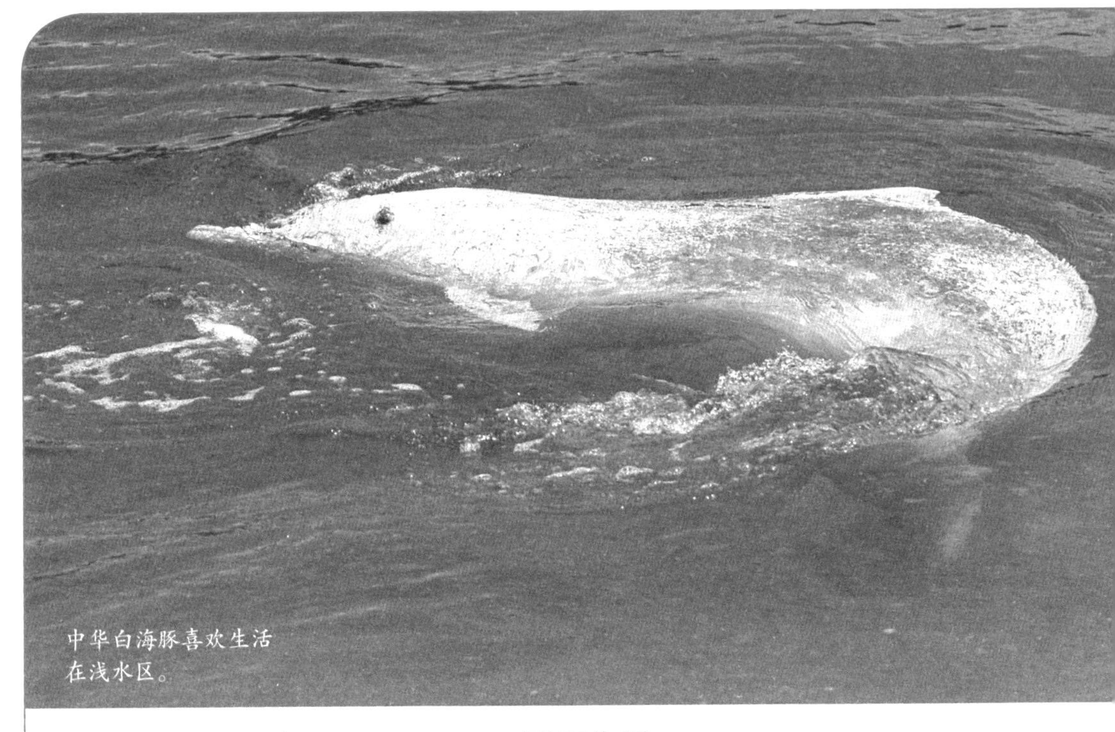

中华白海豚喜欢生活在浅水区。

群居生活

大多数海豚喜欢过群居生活，常常几百只地结群，而且群与群之间还经常来往。它们的家庭关系非常密切，如果有一只海豚产仔，其他的雌海豚都会聚集过来帮忙照顾小海豚。小海豚在群体中模仿成年海豚的行为，学会捕鱼、传递信号、逃避鲨鱼等。

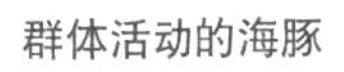

群体活动的海豚

中华白海豚

中华白海豚主要生活在我国、印度尼西亚、澳大利亚沿岸海域等地。它们的吻中等长，身体粗壮，背鳍较大，呈三角形。中华白海豚幼时身体呈暗灰色，随着年龄增长体色变浅，呈灰和粉红相杂的颜色，成年后则呈纯白色。它们主要以沿海及珊瑚礁的鱼类和头足类动物为食。

中华白海豚属我国国家一级保护动物。

宽吻海豚

宽吻海豚又称为大海豚，主要分布在温带和热带的各大海洋中。它们宽宽的嘴裂形状似乎总是在微笑。宽吻海豚的智力很发达，理解能力较强。经过训练后，它们不但可以“唱歌”“顶球”“与人握手”，还能救助落水的儿童。

鼠海豚

鼠海豚体形较小，但身体丰满，呈流线型。鼠海豚一生中的大部分时间，生活在近海或浅海水域，有时会游到码头或港口。鼠海豚很少跃出海面，也不靠近来往船只，因而并不多见。鼠海豚一旦被渔网缠住，便无法浮到水面上呼吸，继而死掉。

宽吻海豚生性活泼，喜欢跟随船只，偶尔也会救助受伤的潜水员。

鼠海豚很少跃出海面。

海獭：智慧与可爱并存

海獭属于鼬科哺乳动物，几乎终生生活在海中，善于游泳和潜水。海獭长得肥肥胖胖，尾巴又大又扁，看起来可爱极了。海獭还很聪明，能利用工具摄食，这一点是许多哺乳动物都比不上的。

海獭一生大部分时间在海上度过，只是在休息和繁殖的时候才会上岸。

海獭很多时候在海中枕浪而眠，缠绕身上的海藻能使它避免被海浪冲走。

海中生活

海獭几乎终生生活在海洋中，只是在休息和繁殖的时候才上陆地。海獭平时喜欢游泳和潜水，它们的后肢宽大而扁，特化成鳍肢，而且趾间有蹼，这非常有利于海獭在水中划水前进。

水獭与海獭在外形上非常相像，据研究，海獭是由栖息在河川中的水獭移居海洋进化而来的。

水獭的食物

枕浪而眠

有的海獭会在夜间爬上岸到岩石旁边睡觉休息，不过海獭大多数时间都在海上，练就了枕浪而眠的绝技。睡前，它们找到海藻丛生的地方，用海藻将自己缠住或者用四肢抓牢海藻，这样它们就不必担心在沉睡中被海浪卷走了，可以安然入睡。

海獭仰浮在海面上，准备敲打食物的硬壳。

机警应变

海獭是一种非常机警的动物。它们具有灵敏的嗅觉，能嗅到千米以外的特殊气味，这样有利于它们及早地避开敌害。如果在睡眠中被惊扰，海獭会即刻潜水逃跑。同时，它们还会用尾巴大力地猛拍水面，警告同伴赶快逃生。

巧妙摄食

海獭喜欢吃海胆、贝类和螃蟹这些长有硬壳的海洋动物，可海獭的牙齿咬不碎猎物的硬壳。聪明的海獭有办法。它们通常仰浮到海面上，用石头对着猎物的硬壳敲敲打打，直到硬壳裂开，露出鲜肉。

海獭将螃蟹的硬壳用石头敲裂后，开始摄食壳里面的鲜肉。

海獭

头大而圆，形似海豹的头。

牙齿虽然尖利，但是咬不碎猎物的硬壳。

螃蟹壳在石头的敲打下会渐渐裂开，方便海獭取食壳里的鲜肉。

海象：海中“大象”

海象在外形上与陆地上的大象有一些相像，身体庞大粗壮，长着一对长长的牙齿。不过，海象生活在海域中，四肢已经演化成宽大的鳍肢，虽然在陆地上行动迟缓不便，但在海中能活动自如。

海象准备到岸上晒晒太阳。

蛤是海象最爱的食物。

海象

眼睛极小，埋在皮褶里，几乎难以被发现。

头小而扁，面部长着像刷子一样坚硬的短胡须。

长牙长在上颌，从两个嘴角伸出来。

鳍肢宽大，适于海域生活。

躯体呈圆筒状，全身皮肤厚实，褶皱丛生。

生活在北极

海象主要分布在北极海域，喜欢集群生活，群体数量可达成百上千头。平时，海象群喜欢在冰上或海岸边呼呼大睡。但是，总会有一头海象负责站岗放哨。一旦发现险情，“哨兵”便会大声唤醒熟睡中的同伴，或用长牙弄醒身边的同伴，相互报警，快速逃生。

长牙不可缺

长牙是海象生存必需的工具。海象潜入海底时，要用长牙把海底泥沙中的蛤蜊挖出，再用宽大灵活的前鳍肢运到海面上，以便食用；海象在攀登浮冰或山崖时，长牙是绝佳的攀登工具。有时，长牙还是海象的御敌武器。在海象群中，长牙还是一种身份的象征。

海象往往成群地生活在一起，通常雄海象相互结群，雌海象和幼海象结群。

长牙是海象攀爬岩石、凿开冰洞、挖掘取食必不可少的工具。

体色变变变

海象的体色能发生奇妙的变化。当海象浸在寒冷的海水中时，血管收缩，体色变为灰白色；当海象来到陆地上时，血管膨胀，血液循环加快，体色变为棕灰色；盛夏时节，海象晒太阳时，表皮血管膨胀并散发体热，全身会呈红色。

抢占地盘

海象的体形庞大，而且它们的鳍肢不能很好地用于行走，所以海象在陆地上行动比较困难。当它们成群结队地在海滩上晒太阳时，会尽可能地占据所有的空地，有时海象之间还会发生争斗，最终战胜者将驱逐战败者。

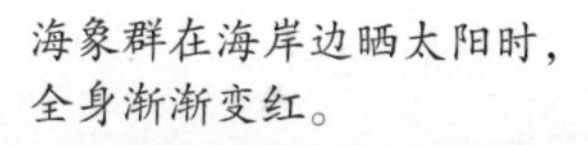

海象群在海岸边晒太阳时，全身渐渐变红。

海豹：温顺的“纺锤”

雄海豹以“舞姿”博取雌海豹的青睐。

海豹是一种性情较为温和的哺乳动物，它们的躯体较为丰满，呈纺锤形，头部圆，眼睛大而明亮，鼻孔朝天。海豹在陆地上活动时，拖着肥肥的躯体和后鳍肢弯曲前进，模样非常可爱。海豹平时常浮在水面上睡觉，到了冬季则在冰下生活。

花斑海豹的食物

不论平时多么亲密无间，雄海豹在繁殖期也会因为争夺雌海豹而大打出手。

水中畅游

流线型身体使海豹能在水中自由游动。海豹长有灵活的鳍肢，能以优美的姿势在水中[illegible]速游动，[illegible]以及逃避[illegible]。[illegible]如[illegible]海豹能下潜到[illegible]。

“一夫多妻”

在海豹家族中，实行的是“一夫多妻”制。每到繁殖期，雄海豹们便开始追逐雌海豹，竞相争夺雌海豹的青睐，有时难免大打出手，甚至头破血流。但雌海豹只能从雄海豹中挑选一头作为自己的丈夫。一头雄象海豹可拥有20多头雌象海豹。

由于后鳍肢不能向前弯曲，海豹在地面上行动时会像虫一样爬行。

海豹躯体丰满，呈纺锤形。身体表皮堆积着大量脂肪，形成厚实的脂肪层，有助于海豹保持体温。

集群护幼

通常，一个成年雄海豹拥有一个海豹群，除繁殖期外，海豹群集中活动。雌海豹每胎产一仔，对幼仔的照顾非常细心。当海豹成群地在岸上晒太阳时，雄海豹负责群体防卫，雌海豹则将小海豹护在身边。一旦发现险情，雌海豹会即刻抱着小海豹跳入海中逃生。

生存危机

目前，海豹面临着严重的生存危机。在海中，凶狠的鲨鱼和鲸是海豹的天敌；在陆地上，人类则成了海豹最大的敌人。人类为了猎取小海豹的毛皮，大肆捕杀小海豹。而母海豹为了保护小海豹，也常惨遭捕杀。

海豹种群

海豹广泛分布在世界各地的水域中，从南极到北极，从海水到淡水湖泊，都有海豹的踪影。其中，有鼻子能膨胀的象海豹、头部形似和尚头的僧海豹、颈部环绕白色带纹的带纹海豹、体色斑驳的斑海豹、潜水冠军威德尔海豹等。生活在南极的海豹比较多。

只有雄性象海豹长着可以膨胀的象鼻。

生活在南极地区的海豹

各种各样的海豹

象海豹

象海豹是世界上体形最大的海豹，之所以得名不只是因为体形庞大，还因为成年的雄象海豹长有可以遮住口部的象鼻。每当雄象海豹兴奋或发怒时，象鼻便会膨胀起来，可长达50厘米，伸出一个橘红色的肉质球，同时发出响亮的声音。

分布在北极地区的海豹

威德尔海豹

威德尔海豹体长3米左右，雌体略大于雄体，背部呈黑色，其他部分呈淡灰色，体侧有白色斑点。威德尔海豹出没于海冰区，往往独自栖息，很少成群活动，能在海冰下度过漫长黑暗的寒冬。

斑海豹

斑海豹

斑海豹身体肥壮，全身生有细密的短毛，灰黑色的背上遍布着不规则的棕灰色或棕黑色斑点。斑海豹主要分布在北太平洋海域及其沿岸，主要以鱼类为食，有时也吃甲壳类、头足类等海洋动物。斑海豹非常善于潜水，有的可以在水下待70分钟之久。

僧海豹

僧海豹是一种濒危动物，体形比普通海豹略大，体表平滑，适于在水中快速游泳和潜水。僧海豹喜欢栖息在热带温暖的海水中，夜间忙于在浅水区觅食，捕食龙虾、黄鳝、章鱼和在礁石边徘徊的鱼类，白天常常在沙滩上休憩，因而容易成为人类的捕杀对象。

目前，僧海豹受国际动物保护公约保护。

海狗：似狗又似熊

海狗在外形上有些像狗，又有些像熊，所以得名海狗，也被称为海熊。海狗全身覆盖着绒毛，脸很短，这些特征又与海狮有些相像，所以常常有人将海狗与海狮看作是同一种动物。

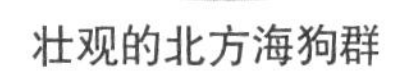
壮观的北方海狗群

雄海狗之间争斗得非常激烈，有时还会不小心伤到小海狗。

群居生活

海狗喜欢过群居生活，迁徙时也是成群结队的。全世界大部分的海狗生活在美国阿拉斯加附近的普里比洛夫群岛，这个群岛因此被称为“海狗岛”。白天，海狗在近海游弋猎食，夜晚上岸休息。

换季迁徙

每到冬春季节，北太平洋各岛上的海狗群就纷纷离岛迁向南方海域，几乎遍布整个北太平洋。当夏季来临时，散居各方的海狗又集群陆续迁回北方故乡，繁殖后代。

雄海狗

小海狗在静静地等候着母海狗觅食归来。

我的地盘我做主

在迁徙时，往往是壮年雄海狗首先回到北方故乡，它们一上海滩就纷纷抢占地盘。为了争夺领土，雄海狗常常互相撕咬，不让其他雄海狗进入，耐心地等待众多雌海狗的到来。雌海狗到达后，雄海狗们一边表示热烈欢迎，一边激烈地争抢“新娘”。

食量惊人

海狗喜欢吃乌贼，也吃各种鱼类，而且食量很大，一只海狗一天要吃20多千克的食物。灵敏的视觉和听觉有助于海狗在明亮清澈的水中辨识物体；在夜晚或浑浊的水中，海狗还能利用回声定位来探察周围环境。

海狮中有些种类的颈部长着又长又密的鬃毛，形似狮鬣。

海狮：此狮非彼狮

实际上，海狮只是在面部形貌和咆哮声上与狮子有些相像而已，因而被称为“海中狮王”。在外形特征和生活习性上，海狮与海狗更为相像，它们同属于海狮科。海狮大部分时间都在水中度过，甚至能连续在海里待上几个星期。

灵活的鳍肢

小海狮

与其他许多海洋哺乳动物相比，海狮的鳍肢更为灵活。它们的鳍肢像翅膀一样，前肢能有力地支撑身体前部，后肢还能转向前方。在陆地上，海狮能行走自如；在海中，海狮又能以极快的速度游动。有时，海狮还用后肢抓挠颈部。

猛兽猎食

海狮身体粗壮，食量惊人，主要以海洋鱼类和乌贼等头足类动物为食。海狮没有固定的栖息地，每天都要为寻找食物而到处漂游，有时甚至潜入270米的海底猎食，每天的进食量甚至达百余千克。有时，海狮还会从渔网中猎夺渔民的收获。

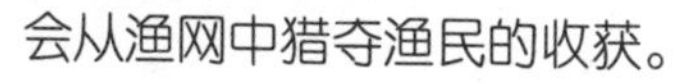

雄海狮通过搏斗取得与雌海狮交配的权利，组建起一个“一夫多妻”的大家庭。

身边的危险

海狮在饱餐过后便离开水面，到陆地上休息。它们有时躺在岸边晒太阳，有时在海滩上慵懒地翻滚。这时既是海狮的悠闲时刻，也是危险时刻，因为虎鲸常利用这个时机从水中突然冒出，捕食离它们最近的海狮。

海牛和儒艮：传说中的“美人鱼”

海牛和儒艮长得非常像，都属于海牛目哺乳动物，它们是海洋中仅有的草食性哺乳动物，也是传说中“美人鱼”的原型。海牛和儒艮全身是宝，因此遭到人类的大量捕杀，目前正面临灭绝的危机。

海牛和儒艮最明显的区别在于：海牛的尾巴呈圆形，儒艮的尾巴像海豚的尾巴一样呈桨状。

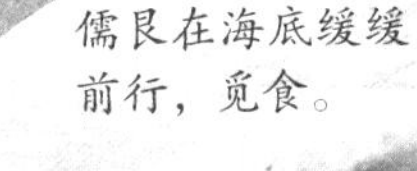

儒艮在海底缓缓前行，觅食。

儒艮在水中哺育小儒艮。

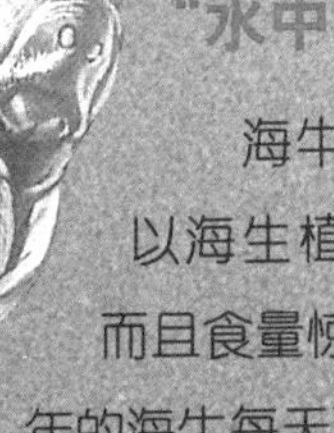

“水中除草机”

海牛和儒艮都以海生植物为食，而且食量惊人，一头成年的海牛每天可吃50千克海生植物。吃草时，它们像卷地毯一般，用大嘴一片一片地吃过去，因此被誉为“水中除草机”。在水草成灾的热带和亚热带某些地区，引进海牛和儒艮来除草是非常有效的。

嘴边的胡须和嘴唇的形状非常适于儒艮取食海藻。

日常嬉戏

传说中的“美人鱼”

雌海牛在为小海牛喂奶时，常常用前鳍肢把小海牛抱在胸前，使头部和胸部露出水面，远远望去好像人在游泳，而且姿势优美，所以海牛被人类误认作“美人鱼”，并因此衍生了许多美丽的传说。

海牛和儒艮都是夜行动物。白天，它们在大海深处睡觉、活动；晚上，它们才外出觅食水草。它们性情温和，活动起来慢条斯理，但是对于环境的变化非常敏感。一旦遇到危险，它们便能以时速13千米的速度快速游走。

一旦遭遇危险，海牛会一改缓慢的步调，快速游走。

离不开水的儒艮

儒艮生活在印度洋和太平洋温暖的海域中。与海牛不同的是，儒艮完全生活在水中，宽大的鼻子顶端长有“U”形上唇，用来咬住水草，挖出草根。儒艮性情温顺，在自然界中的天敌不多，但是却难以逃脱人类的捕杀。

海牛喜欢在夜间外出觅食水草。

图书在版编目(CIP)数据

哺乳家族.1 / 龚勋主编. —沈阳:辽宁少年儿童出版社,
2015.7
(儿童动植物科普馆)
ISBN 978-7-5315-6460-7

Ⅰ.①哺… Ⅱ.①龚… Ⅲ.①哺乳动物纲—儿童读物
Ⅳ.①Q959.8-49

中国版本图书馆CIP数据核字(2015)第064225号

出版发行:北方联合出版传媒(集团)股份有限公司
辽宁少年儿童出版社
出 版 人:许科甲
地 址:沈阳市和平区十一纬路25号
邮 编:110003
发行(销售)部电话:024-23284265
总编室电话:024-23284269
E-mail:lnse@mail.lnpgc.com.cn
http://www.lnse.com
承 印 厂:北京嘉业印刷厂

责任编辑:周 婕
责任校对:李 爽
封面设计:宋双成
版式设计:冯 唯
责任印制:吕国刚

幅面尺寸:169mm×235 mm
印 张:8 字数:156千字
出版时间:2015年7月第1版
印刷时间:2015年7月第1次印刷
标准书号:ISBN 978-7-5315-6460-7
定 价:18.00元